# SULLE ORME DI EUCLIDE
# VOLUME 1: I POLIGONI

Alessandro Cordelli

# SULLE ORME DI EUCLIDE

## Volume 1: I Poligoni

PM EDIZIONI

PM edizioni
via Garibaldi, 3
17019 Varazze (SV)

www.pmedizioni.it



ISBN 978-88-99565-23-7
Prima edizione: agosto 2016

# INDICE


Elenco delle figure . . . . . . . . . . . . . . . . . . . . . . 10

Prefazione. . . . . . . . . . . . . . . . . . . . . . . . . . . 11

1. Il primo libro degli Elementi di Euclide . . . . . . . . . 15
   1.1. La struttura logica della geometria . . . . . . . . . . 15
   1.2. Il problema della verità delle premesse . . . . . . . 17
   1.3. Definizioni, postulati e assiomi del primo libro degli *Elementi* . . . . . . . . . . . . . . . . . . . . . . 18
   1.4. Verifiche di comprensione . . . . . . . . . . . . . . . 27
   1.5. Problemi . . . . . . . . . . . . . . . . . . . . . . . . 28

2. Il primo criterio di uguaglianza dei triangoli . . . . 29
   2.1. Uguaglianza di triangoli . . . . . . . . . . . . . . . 29
   2.2. Criteri di uguaglianza . . . . . . . . . . . . . . . . 29
   2.3. Trasporto di segmenti . . . . . . . . . . . . . . . . . 30
   2.4. Riportare un segmento con un estremo su un punto. . . . . . . . . . . . . . . . . . . . . . . . . . . . . 31
   2.5. Ruotare un segmento. . . . . . . . . . . . . . . . . . 33
   2.6. Il primo criterio di uguaglianza dei triangoli . . . . 34
   2.7. Verifiche di comprensione . . . . . . . . . . . . . . . 36
   2.8. Problemi . . . . . . . . . . . . . . . . . . . . . . . . 37

3. Il triangolo isoscele . . . . . . . . . . . . . . . . . . 39
   3.1. Alcune definizioni . . . . . . . . . . . . . . . . . . 39
   3.2. Teoremi diretti e teoremi inversi . . . . . . . . . . 39
   3.3. Il teorema del triangolo isoscele. . . . . . . . . . . 40
   3.4. Il teorema inverso del triangolo isoscele . . . . . . 42
   3.5. Verifiche di comprensione . . . . . . . . . . . . . . . 44
   3.6. Problemi . . . . . . . . . . . . . . . . . . . . . . . . 45

4. Il terzo criterio di uguaglianza dei triangoli . . . . 47
4.1. Uguaglianza di triangoli con i tre lati uguali . . . . 47
*4.1.1. Costruzione della bisettrice di un angolo* . . . . . 50
4.2. Verifiche di comprensione . . . . . . . . . . . . . . 52
4.3. Problemi . . . . . . . . . . . . . . . . . . . . 52

5. Il teorema dell'angolo esterno . . . . . . . . . . . 55
5.1. Il teorema . . . . . . . . . . . . . . . . . . . . 55
5.2. I corollari . . . . . . . . . . . . . . . . . . . . 57
5.3. Classificazione dei triangoli . . . . . . . . . . . . 58
5.4. Problema svolto . . . . . . . . . . . . . . . . . . 60
5.5. Verifiche di comprensione . . . . . . . . . . . . . . 61
5.6. Problemi . . . . . . . . . . . . . . . . . . . . 61

6. Il secondo criterio di uguaglianza dei triangoli . . . 63
6.1. Uguaglianza di triangoli con un lato e due angoli uguali . . . . . . . . . . . . . . . . . . . . 63
6.2. Verifiche di comprensione . . . . . . . . . . . . . . 67
6.3. Problemi . . . . . . . . . . . . . . . . . . . . 68

7. La disuguaglianza triangolare . . . . . . . . . . . . 71
7.1. Relazioni tra i lati e gli angoli in un triangolo . . . . 71
7.2. Triangolo con una coppia di lati disuguali . . . . . . 72
7.3. Triangolo con una coppia di angoli disuguali . . . . 73
7.4. La disuguaglianza triangolare . . . . . . . . . . . 74
*7.4.1. Una importante applicazione* . . . . . . . . . . 76
7.5. Verifiche di comprensione . . . . . . . . . . . . . . 79
7.6. Problemi . . . . . . . . . . . . . . . . . . . . 79

8. La questione delle parallele . . . . . . . . . . . . 81
8.1. Il criterio diretto di parallelismo . . . . . . . . . . 81
8.2. Il criterio inverso di parallelismo . . . . . . . . . . 83
8.3. Un'altra forma per il quinto postulato . . . . . . . . 85
*8.3.1. Copiare un angolo* . . . . . . . . . . . . . . . 85
*8.3.2. Dal quinto postulato all'unicità delle parallele* . . 87

*8.3.3. Dall'unicità delle parallele al quinto postulato* . . 89
8.4. I tentativi di dimostrazione del criterio inverso di parallelismo . . . . . . . . . . . . . . . . . . . . . 90
8.5. Le geometrie non euclidee . . . . . . . . . . . . . . 91
8.6. Somma degli angoli interni di un triangolo . . . . . 92
8.7. Verifiche di comprensione . . . . . . . . . . . . . . 94
8.8. Problemi . . . . . . . . . . . . . . . . . . . . . . 96

9. Parallelogrammi . . . . . . . . . . . . . . . . . . . 99
9.1. Quadrilateri particolari . . . . . . . . . . . . . . . 99
9.2. Un criterio per riconoscere un parallelogramma . . 100
9.3. Le proprietà dei parallelogrammi . . . . . . . . . . 101
9.4. Il baricentro di un triangolo . . . . . . . . . . . . 103
9.5. Verifiche di comprensione . . . . . . . . . . . . . 106
9.6. Problemi . . . . . . . . . . . . . . . . . . . . . . 106

10. Rette perpendicolari e luoghi geometrici . . . . . . . 109
10.1. La relazione di perpendicolarità . . . . . . . . . . 109
10.2. La distanza di un punto da una retta . . . . . . . . 111
10.3. Luoghi geometrici . . . . . . . . . . . . . . . . . 113
*10.3.1. L'asse di un segmento* . . . . . . . . . . . . . 113
*10.3.2. La bisettrice di un angolo come luogo geometrico* . 116
10.4. I punti notevoli di un triangolo . . . . . . . . . . 118
*10.4.1. Circocentro* . . . . . . . . . . . . . . . . . . 118
*10.4.2. Incentro* . . . . . . . . . . . . . . . . . . . . 120
*10.4.3. Ortocentro* . . . . . . . . . . . . . . . . . . . 122
10.5. Verifiche di comprensione . . . . . . . . . . . . . 125
10.6. Problemi . . . . . . . . . . . . . . . . . . . . . . 126

# Elenco delle figure


1 Un esempio di dimostrazione . . . . . . . . . 16

2 Trasporto di un segmento . . . . . . . . . . . 32
3 Rotazione di un segmento . . . . . . . . . . . 34
4 Il primo criterio di uguaglianza dei triangoli 35

5 Il teorema del triangolo isoscele . . . . . . . . 41
6 Il teorema inverso del triangolo isoscele . . . 43

7 Unicità del punto di incontro di segmenti uguali . . . . . . . . . . . . . . . . . . . . . . 48
8 Costruzione della bisettrice . . . . . . . . . . 51

9 Il teorema dell'angolo esterno . . . . . . . . . 56
10 Classificazione dei triangoli . . . . . . . . . . 59

11 Uguaglianza di due triangoli aventi uguali una coppia di angoli e il lato compreso . . . 64
12 Uguaglianza di due triangoli aventi uguali una coppia di angoli e uno dei lati non compresi 66

13 Triangolo con una coppia di lati disuguali . . 72
14 La disuguaglianza triangolare . . . . . . . . . 75
15 Un problema di percorso minimo . . . . . . 77

16 Criteri di parallelismo . . . . . . . . . . . . . 82
17 Copiare un angolo . . . . . . . . . . . . . . . 86
18 Equivalenza dei due enunciati del quinto postulato . . . . . . . . . . . . . . . . . . . 88
19 Somma degli angoli interni di un triangolo . 93

20 Criterio per riconoscere un parallelogramma 100
21 Baricentro di un triangolo . . . . . . . . . . . 104

22 Costruzione della perpendicolare a una retta data per un suo punto . . . . . . . . . . . . . . 110
23 Perpendicolare a una retta data per un punto esterno ad essa . . . . . . . . . . . . . . . . . . 112
24 Asse del segmento . . . . . . . . . . . . . . . . . 115
25 Bisettrice di un angolo . . . . . . . . . . . . . . 117
26 Circocentro . . . . . . . . . . . . . . . . . . . . . 119
27 Incentro . . . . . . . . . . . . . . . . . . . . . . . 121
28 Ortocentro . . . . . . . . . . . . . . . . . . . . . . 123

# PREFAZIONE

Solitamente, le rare opere scientifiche dell'antichità che sono giunte fino a noi rivestono solo un interesse storico. La maggior parte degli autori precedenti a Galileo viene studiata per conoscere l'evoluzione del pensiero, ma non perché quanto da loro affermato sia considerato valido ancor oggi. Leggiamo il *De Coelo* di Aristotele o il *Timeo* di Platone, ma niente di quanto è affermato in essi viene considerato corretto riguardo all'astronomia o alla chimica. Anche in quei pochi casi di argomentazioni accettate nella scienza moderna – come ad esempio la trattazione dell'equilibrio delle leve che fa Archimede – il modo in cui la teoria viene presentata è diverso da come era stata esposta dall'autore antico. Così, la procedura insegnata nelle scuole per la risoluzione delle equazioni di secondo grado è da un punto di vista epistemologico equivalente a quella che Al Khwarizmi descrive nell'*Algebra*, ma è completamente diversa da essa nei dettagli, essendo questa un procedimento basato sull'osservazione di proprietà di figure geometriche e quella una sequenza di passaggi di calcolo.

Non così per gli *Elementi* di Euclide. La geometria insegnata oggi nelle nostre scuole segue sostanzialmente una impostazione antica di 24 secoli; stessi teoremi e, in molti casi, anche stesse dimostrazioni. Naturalmente vi sono anche grosse differenze dovute al fatto che la sensibilità culturale moderna non è più quella dell'antica Grecia. In primo luogo si tratta di differenze linguistiche che rispecchiano differenze filosofiche (l'esempio più notevole in questo senso è quello della retta e del segmento: Euclide non distingue tra i due poiché l'infinito attuale non è ammesso, e quindi la differenza tra segmento e retta è che il primo ha limiti determinati mentre la seconda è ancora un segmento che però può essere prolungato indefinitamente). Vi sono poi differenze nella concezione degli enti e delle operazioni della geometria. Ad esempio, nelle costruzioni geometriche il segmento che rappresenta il raggio di una circonferenza deve sempre avere il centro di questa come uno dei suoi estremi, o, come talvolta scherzosamente si dice, il compasso di Euclide si chiude quando lo si stacca dal foglio. Ancora, negli *Elementi* un angolo è individuato dall'incontro di due linee di qualsiasi tipo – anche due archi di circonferenza o un arco e una retta (angolo curvilineo) – mentre noi oggi consideriamo angolo solo la parte di piano racchiusa da due semirette concorrenti. Ma è soprattutto nelle dimostrazioni che si osservano le maggiori differenze tra i moderni manuali di geometria e il testo originale di Euclide. Molte delle dimostrazioni che negli *Elementi* procedono per assurdo sono infatti state sostituite da dimostrazioni dirette. La motivazione di tale scelta è di carattere didattico. Infatti, non solo la dimostrazione per assurdo è spesso logicamente più complessa, ma richiede anche figure impossibili che mettono a dura prova le capacità di visualizzazione. Così, ad esempio, la seconda proposizione del terzo libro afferma che il segmento che unisce due punti qualsiasi di una circonferenza è tutto interno al cerchio. Questo teorema viene dimostrato per assurdo e richiede quindi di immaginare una corda che, almeno in una sua parte, passa esternamente alla circonferenza cui appartiene, cosa che è palesemente impossibile.

Lo scopo del presente lavoro è di riproporre il percorso della geometria seguendo una trattazione aderente alle originali argomentazioni di Euclide. Non si tratta di riscrivere gli *Elementi*, ma di rivisitare quei teoremi che sono considerati particolarmente importanti dal punto di vista didattico e vanno quindi a costituire l'ossatura dei programmi di geometria nelle nostre scuole. Per questo motivo vengono presi in considerazione anche aspetti storici, filosofici e filologici. Ciascuna dimostrazione viene dapprima presentata in maniera discorsiva, e successivamente, formalizzata secondo l'usuale schema in cui vengono evidenziati i vari passaggi e i legami logici tra di essi. Al termine di ogni capitolo viene proposto un certo numero di verifiche di comprensione e di problemi.

L'opera è strutturata in tre volumi, il primo dei quali è dedicato alle proprietà fondamentali del triangolo e alle problematiche legate al parallelismo, cioè buona parte del primo libro.

LEZIONE 1

# IL PRIMO LIBRO DEGLI *ELEMENTI* DI EUCLIDE

## 1.1 La struttura logica della geometria

Il fondamentale salto di qualità operato dalla matematica greca rispetto alle altre culture contemporanee e precedenti (egizia, babilonese) consiste nel fatto di aver introdotto il procedimento deduttivo, in base al quale la verità di una proposizione viene stabilita sulla base di altre proposizioni, assunte come ipotesi e a loro volta considerate vere. Non si tratta più trovare risultati che valgono in determinati casi particolari, ma di costruire delle dimostrazioni.

Come esempio prendiamo un noto teorema il cui enunciato recita:

**Se un triangolo ha due lati uguali, gli angoli opposti a tali lati sono uguali.**

Per la dimostrazione (che non è quella originale di Euclide, che vedremo più avanti nel testo, ma una semplificata) facciamo riferimento alla figura 1. L'ipotesi del teorema è che $AC = BC$, inoltre tracciamo la retta $CH$ che divide a metà l'angolo (detta *bisettrice*). Ora, vi è altro teorema, precedentemente dimostrato, che afferma che due triangoli che hanno uguali rispettivamente una coppia di lati e l'angolo tra di essi compreso hanno uguali anche l'altro lato e i rimanenti due angoli. Osserviamo che possiamo applicare tale teorema ai triangoli $CHA$ e $CHB$; essi hanno infatti il lato $CH$

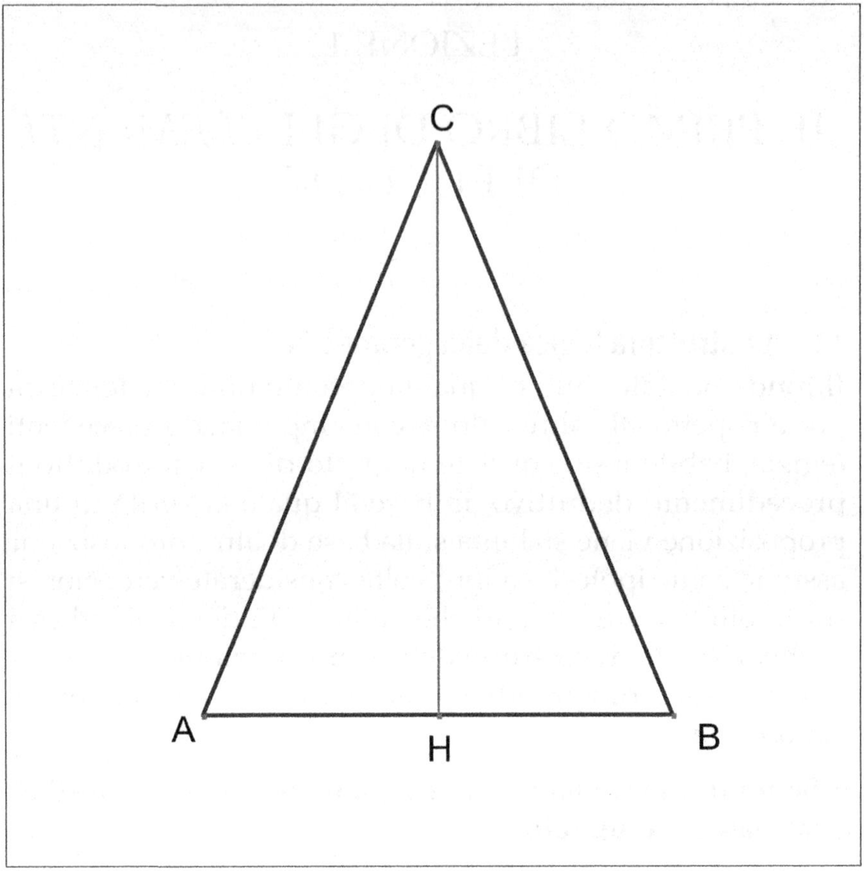


Figura 1: Un esempio di dimostrazione

in comune, $AC = BC$ per ipotesi e gli angoli $A\hat{C}H = B\hat{C}H$ per costruzione (in quanto $CH$ è la bisettrice dell'angolo in $C$). Pertanto l'angolo in $A$ è uguale all'angolo in $B$, che è ciò che volevamo dimostrare.

Analizzando il ragionamento seguito ci accorgiamo che il cuore delle dimostrazione consiste nel fatto di aver riconosciuto che ai triangoli che si vengono a formare per mezzo della bisettrice $CH$ è possibile applicare il teorema, già dimostrato, che sancisce l'uguaglianza di due triangoli con uguali due lati e l'angolo compreso. Questo è un esempio di *sillogismo*. Un sillogismo è una costruzione logica formata da tre proposizioni: due premesse e una conclusione, come ad esempio nella deduzione: «*Tutti gli alberi hanno radici, le querce sono alberi, dunque le querce hanno radici*». Nella prima delle premesse – la cosiddetta *premessa maggiore* – si afferma che tutti gli elementi di una classe godono di una certa proprietà, nella seconda premessa (la *premessa minore*) si individua un soggetto che appartiene all'insieme della premessa maggiore, nella conclusione si riconosce che il soggetto della premessa minore gode della stessa proprietà di cui godono gli elementi della classe della premessa maggiore. Se le due premesse sono vere, anche la conclusione lo sarà.

Nel nostro esempio la premessa maggiore è il teorema ausiliario (*in tutte le coppie di triangoli aventi rispettivamente due lati e l'angolo compreso uguali anche l'altro lato e i rimanenti due angoli sono uguali*), mentre la premessa minore stabilisce che la particolare coppia di triangoli che si è venuta a formare con la nostra costruzione geometrica ha rispettivamente uguali due lati e l'angolo compreso. La conclusione sarà quindi che il soggetto della premessa minore (la coppia di triangoli venutasi a formare con la nostra costruzione geometrica) gode della proprietà espressa nella premessa maggiore (i due triangoli della coppia hanno uguali anche l'altro lato e i rimanenti due angoli).

## 1.2 Il problema della verità delle premesse

Nella dimostrazione vista sopra la verità della premessa minore è stabilita in base all'ipotesi e alla costruzione geometrica ($BC$ e $AC$ sono uguali per ipotesi, $A\hat{C}H = B\hat{C}H$

perché *CH* è la bisettrice, mentre *CH* è uguale a se stesso semplicemente per il principio di identità); ma chi garantisce la validità della premessa maggiore? Si tratta a sua volta un teorema, e quindi sarà vero in quanto dimostrato. Ma allora anche nella sua dimostrazione vi sarà una premessa maggiore da assumere come vera; ecco quindi che si ripropone nuovamente lo stesso problema. Fino a che punto possiamo spingerci a ritroso dimostrando le premesse, le premesse delle premesse, ecc.? È chiaro che ad un certo punto questa catena logica deve fermarsi con delle proposizioni che sono vere ma non dimostrate.

Vengono quindi stabilite alcune proposizioni la cui verità viene assunta senza dimostrazione; tali proposizioni vengono dette *postulati* e riguardano proprietà delle figure geometriche. Vi è anche un secondo gruppo di proposizioni, dette *nozioni comuni* e talvolta indicate anche come *assiomi,* che vengono ipotizzate vere senza essere dimostrate. A differenza dei postulati, però, le nozioni comuni non riguardano specificamente le figure geometriche ma hanno un carattere più generale. Naturalmente, prima di esporre i postulati e le nozioni comuni bisogna stabilire in maniera non ambigua il significato dei termini utilizzati. Per questo motivo, la costruzione del sistema dei teoremi deve iniziare con le *definizioni*.

## 1.3 Definizioni, postulati e assiomi del primo libro degli *Elementi*

Gli *Elementi* di Euclide sono forse l'opera più importante di tutta la storia della matematica. Essa tratta di geometria, ma anche di aritmetica e di quella che oggi chiameremmo algebra. Gli *Elementi* sono divisi in 13 libri, ognuno dei quali inizia con le definizioni, i postulati e gli assiomi che verranno utilizzati nella dimostrazione delle varie proposizioni. Ve ne sono alcuni brevi, come il secondo che consta di sole 14 proposizioni, ed altri lunghissimi, come il decimo, composto di ben 155 teoremi. La geometria del triangolo e dei poligoni più semplici, compresa la questione delle rette parallele è trattata nei primi due libri; il terzo e il quarto sono dedicati alla circonferenza e ai poligoni regolari; il quinto contiene la teoria delle proporzioni, che viene applicata alla geometria nel sesto libro. I libri dal settimo al decimo sono di natura aritmetica, mentre gli ultimi tre sono dedicati alla geometria solida.

Il primo libro è quello che contiene i teoremi più noti della geometria elementare; le definizioni, assiomi e postulati presentati nella sua parte iniziale sono concetti fondamentali alla base di tutta la successiva costruzione. Iniziamo quindi a vedere le definizioni del primo libro (riportiamo le definizioni in grassetto e accanto, tra parentesi, gli eventuali commenti):

1. **Punto è ciò che non ha parti** (il punto viene definito non tanto riguardo alla forma, come altri enti geometrici, ma piuttosto alla sua struttura, cioè è l'ente più semplice, che non può essere ulteriormente scomposto, come ad esempio il triangolo che è formato da linee...)
2. **Linea è lunghezza senza larghezza** (la linea è "lunghezza pura", senza altri attributi)
3. **Estremi di una linea sono i punti**
4. **Linea retta è quella che giace ugualmente rispetto ai suoi punti** (significa che non vi è modo di distinguere un punto da un altro in una retta, cosa che non accade con altre curve di forma più complicata)
5. **Superficie è ciò che ha soltanto lunghezza e larghezza** (questa definizione è analoga alla seconda, quella

della linea, solo che qui aggiungiamo una dimensione)

6. **Estremi di una superficie sono linee** (ad esempio, un poligono è delimitato da segmenti)
7. **Superficie piana è quella che giace ugualmente rispetto alle sue rette** (con "superficie piana" Euclide intende il piano, la definizione è analoga alla quarta; in effetti non vi è modo di distinguere tra due rette di un piano)
8. **Angolo piano è l'inclinazione reciproca di due linee su un piano, le quali si incontrino fra loro e non giacciano in linea retta** (questa definizione non è molto soddisfacente, in quanto introduce il termine da definire – angolo – con un termine analogo e non definito: quello di inclinazione. Osserviamo inoltre che in questa definizione sono compresi anche angoli formati dall'incontro di linee curve, molto diversi dal concetto usuale di angolo, che verrà introdotto nella prossima definizione)
9. **Quando le linee che comprendono l'angolo sono rette, l'angolo si chiama rettilineo** (esiste anche l'angolo curvilineo, che è formato ad esempio da una circonferenza e da una sua tangente; esso ha la proprietà di non poter contenere interamente nessun angolo rettilineo, è quindi non maggiore di qualsiasi angolo rettilineo eppure non è nullo)
10. **Quando una retta innalzata su un'altra retta forma angoli adiacenti uguali tra loro, ciascuno dei due angoli uguali è retto, e la retta innalzata si chiama perpendicolare a quella su cui è innalzata** (la perpendicolarità è definita dalla proprietà che gli angoli che si formano dalle due parti dell'intersezione tra le rette sono uguali; osserviamo inoltre che si parla di due angoli anziché di quattro, questo è perché Euclide

usa lo stesso termine per rette, semirette e segmenti)

11. **Angolo ottuso è quello maggiore di un retto** (da nessuna parte è stata definita la nozione di "maggiore", "minore" e "uguale", poiché sono considerate fondamentali e immediate; nel presente contesto è evidente che Euclide intende che un angolo è maggiore di un altro quando lo contiene interamente, mentre due angoli sono uguali quando possono essere sovrapposti)
12. **Angolo acuto è quello minore di un retto**
13. **Termine è ciò che è estremo di qualche cosa** (questa definizione è molto generale, per cui potremo parlare di termine di un segmento, di una semiretta, o anche di oggetti più complicati)
14. **Figura è ciò che è compreso da uno o più termini** (è molto importante osservare che Euclide considera gli enti geometrici sempre come limitati, per cui anche della retta – che pure è prolungabile all'infinito, come vedremo nei postulati – ne viene tuttavia sempre considerata nelle dimostrazioni una parte finita; questa definizione illustra chiaramente il rifiuto dell'infinito nel pensiero greco)
15. **Cerchio è una figura piana compresa da un'unica linea che si chiama circonferenza tale che tutte le rette, le quali cadano sulla stessa linea, cioè sulla circonferenza del cerchio, a partire da un punto fra quelli che giacciono internamente alla figura, sono uguali tra loro** (viene definita la circonferenza come insieme dei punti equidistanti da un certo punto e il cerchio come la parte interna alla circonferenza, da notare l'uso del termine "retta" al posto di "segmento")
16. **Quel punto si chiama centro del cerchio**
17. **Diametro del cerchio è una retta condotta per il cen-**

**tro e terminata da ambedue le parti dalla circonferenza del cerchio, la quale retta tagli anche il cerchio per metà** (anche in questa definizione si usa il termine "retta" per "segmento")

18. **Semicerchio è la figura compresa dal diametro e dalla circonferenza da esso tagliata. E centro del semicerchio è quello stesso che è anche centro del cerchio**
19. **Figure rettilinee sono quelle comprese tra rette, vale a dire: figure trilatere quelle comprese da tre rette, quadrilatere quelle comprese da quattro, e multilatere quelle comprese da più di quattro rette** (è la definizione dei poligoni, che Euclide chiama "figure rettilinee"; osserviamo anche qui l'uso di "retta" per "segmento")
20. **Delle figure trilatere, è triangolo equilatero quello che ha i tre lati uguali, isoscele quello che ha soltanto due lati uguali, e scaleno quello che ha i tre lati disuguali**
21. **Infine, delle figure trilatere, è triangolo rettangolo quello che ha un angolo retto, ottusangolo quello che ha un angolo ottuso, ed acutangolo quello che ha i tre angoli acuti**
22. **Delle figure quadrilatere, è quadrato quella che è insieme equilatera ed ha gli angoli retti, rettangolo quella che ha gli angoli retti, ma non è equilatera, rombo quella che è equilatera, ma non ha gli angoli retti, romboide quella che ha i lati e gli angoli opposti uguali tra loro, ma non è equilatera né ha gli angoli retti. E le figure equilatere oltre a queste si chiamino trapezi** (il quadrato non è considerato un particolare rettangolo, anzi le due figure sono proprio diverse in quanto nella definizione di rettangolo è

esplicitamente richiesto che i lati siano diversi; il romboide ha le proprietà del parallelogrammo, che però non viene definito in questa fase, ma verrà introdotto con il primo dei teoremi che riguardano i parallelogrammi; osserviamo infine che la figura che Euclide chiama "trapezio" non è la stessa che noi consideriamo, d'altra parte gli *Elementi* non contengono teoremi sulle figure che oggi noi chiamiamo "trapezi")

23. **Parallele sono quelle rette che, essendo nello stesso piano e venendo prolungate illimitatamente dall'una e dall'altra parte, non si incontrano fra loro da nessuna delle due parti** (la definizione di parallelismo implica semplicemente il fatto che le due rette non si incontrino, non vi è alcun riferimento al fatto che corrano sempre alla stessa distanza, come invece è stato erroneamente assunto in molti tentativi di dimostrare il quinto postulato; osserviamo inoltre che il prolungamento illimitato è esplicitamente inserito nella definizione, dato che la retta è prolungabile ma sempre considerata finita).

Dopo le definizioni vengono i postulati. Essi sono proposizioni dal carattere molto semplice riguardanti gli enti introdotti nelle definizioni. Come abbiamo visto, a differenza dei teoremi si tratta di proposizioni che non vengono dimostrate ma che sono arbitrariamente ipotizzate come vere. Un ruolo speciale rispetto ai primi quattro è quello del quinto postulato: esso ha un enunciato molto più complesso degli altri e viene introdotto in quanto è necessario per dimostrare una proposizione (la 29 del primo libro, il cosiddetto *teorema inverso delle parallele*) a cui è logicamente equivalente. Si capisce quindi come questa situazione venne vissuta con profonda insoddisfazione dai matematici che, fin dai tempi di Euclide, provarono senza successo a dimostrare il quinto postulato a partire dagli altri quattro, fino a quando ci si accorse che è possibile abbandonare tale postulato ottenendo sistemi di teoremi alternativi a quello degli *Elementi*, le cosiddette "geometrie non euclidee".

1. **Risulti postulato: che si possa condurre una linea retta da un qualsiasi punto ad ogni altro punto** (in altri termini, per due punti passa una e una sola retta)
2. **E che una retta terminata si possa prolungare continuamente in linea retta** (ricordiamo la definizione 14; la linea terminata è un segmento, questo postulato dice che lo si può prolungare di quanto si vuole)
3. **E che si possa descrivere un cerchio con ogni centro e raggio qualunque**
4. **E che tutti gli angoli retti siano uguali tra loro** (ricordiamo che, secondo la definizione 10, l'angolo retto si ha quando due rette incontrandosi formano angoli adiacenti uguali, tuttavia senza questo postulato non sarebbe detto che gli angoli formati da una coppia di rette perpendicolari siano a loro volta uguali a quelli formati da un'altra coppia di perpendicolari)
5. **E che, se una retta venendo a cadere su due rette forma gli angoli alterni e dalla stessa parte tali che la loro somma sia minore di due retti, le due rette prolungate illimitatamente verranno ad incontrarsi da quella parte in cui sono gli angoli la cui somma è minore di due retti** (questo postulato viene modernamente presentato nella forma equivalente ma più semplice secondo cui "data una retta $r$ e un punto $P$ esterno ad essa, è possibile tracciare una e una sola retta passante per $P$ e parallela ad $r$". Osserviamo inoltre che questo postulato, a differenza degli altri quattro, non è riportabile ad una costruzione geometrica; infatti in esso si parla di rette "prolungate illimitatamente",

evidentemente una operazione che non è possibile realizzare con riga e compasso).

Infine, l'ultima cosa che viene introdotta prima di iniziare la dimostrazione dei teoremi, sono le nozioni comuni. Anche in questo caso si tratta di proposizioni dal carattere molto generale che vengono enunciate e considerate vere senza che siano dimostrate. A differenza dei postulati, però, l'argomento di queste proposizioni non è strettamente geometrico, ma si parla in esse genericamente di "cose" e di operazioni non meglio specificate come "raddoppiare", addizionare", ecc.

1. **Cose che sono uguali ad una stessa cosa sono uguali anche tra loro** (è la proprietà transitiva di cui godono tutte le relazioni di equivalenza, come ad esempio l'uguaglianza o il parallelismo)
2. **E se cose uguali sono addizionate a cose uguali, le totalità sono uguali** (osserviamo che qui il termine "uguale", quando è riferito a una figura come un cerchio o un poligono, viene inteso più nel senso di equivalente – vale a dire con la stessa estensione superficiale – che identico; supponiamo ad esempio di avere un triangolo rettangolo al quale aggiungiamo un secondo triangolo identico ad esso: se attacchiamo i due triangoli per l'ipotenusa avremo un rettangolo, se invece lo facciamo per uno dei cateti avremo un triangolo isoscele; chiaramente abbiamo aggiunto cose uguali a cose uguali ottenendo cose diverse che però sono equivalenti nel senso che hanno la stessa superficie)
3. **E se da cose uguali sono sottratte cose uguali i resti sono uguali**
4. **E se cose uguali sono addizionate a cose disuguali la totalità sono disuguali**
5. **E doppi di una stessa cosa sono uguali tra loro** (si

può anche ricavare dalla seconda nozione comune)

6. **E metà di una stessa cosa sono uguali tra loro** (si può anche ricavare dalla terza nozione comune)
7. **E cose che coincidono tra loro sono uguali** ("coincidere" significa che due figure possono essere portate a sovrapporsi esattamente mediante un movimento rigido, cioè senza che vengano deformate nel movimento; "uguali" invece significa – come nelle precedenti nozioni comuni – che hanno la stessa superficie. Quando Euclide vorrà introdurre l'uguaglianza in senso stretto – come la intendiamo noi oggi – dovrà specificare ulteriormente; ad esempio negli enunciati dei criteri di uguaglianza dei triangoli si parla esplicitamente di uguaglianza dei lati e degli angoli)
8. **Ed il tutto è maggiore della parte** (questa proposizione potrebbe sembrare ovvia come le precedenti, in realtà la sua validità è limitata agli insiemi finiti; caratteristica distintiva di un insieme infinito è infatti proprio il fatto che possa essere messo in corrispondenza biunivoca con una sua parte propria; ad esempio, per qualsiasi numero naturale $K$, i numeri minori di $K$ non possono essere messi in corrispondenza biunivoca con i numeri pari minori di $K$; se però consideriamo tutti i numeri naturali questo non è più vero: infatti ogni numero intero è in corrispondenza con un numero pari che è il suo doppio, e ogni numero pari è in corrispondenza con un numero intero che è la sua metà).

## 1.4 Verifiche di comprensione

1. In che cosa consiste la differenza principale tra la matematica greca e le altre culture contemporanee?
2. Che cos'è il *sillogismo*?
3. In che cosa consiste il problema della verità delle premesse?
4. Che cosa sono i *postulati*?
5. Che cosa sono le *nozioni comuni* o *assiomi*?
6. Che cosa sono le *definizioni*?
7. Come sono strutturati gli *Elementi* di Euclide?
8. Come è definito il *punto*?
9. Come è definita la *linea*?
10. Come è definita la *linea retta*?
11. Come è definita la *superficie*?
12. Come è definita la *superficie piana*?
13. Come è definito l'*angolo*?
14. Come è definito l'*angolo rettilineo*?
15. Come è definito l'angolo *retto*?
16. Che cosa si intende per *figura*?
17. Come sono definiti il *cerchio* e la *circonferenza*?
18. Come sono definite le rette *parallele*?
19. Illustra il primo postulato.
20. Illustra il secondo postulato.
21. Enuncia il terzo postulato.
22. Enuncia e commenta il quarto postulato.
23. Enuncia e commenta il quinto postulato.
24. Enuncia e commenta la prima nozione comune.
25. Enuncia e commenta la seconda nozione comune.
26. Enuncia e commenta la quinta e la sesta nozione comune.
27. Enuncia e commenta la settima nozione comune.
28. Enuncia e commenta l'ottava nozione comune.

## 1.5 Problemi

1. Dimostra che gli angoli non adiacenti formati da due rette che si intersecano in un punto (angoli *opposti al vertice*) sono uguali.
2. Dimostra che le bisettrici di due angoli opposti al vertice sono la stessa retta.
3. Dimostra che le bisettrici di due angoli adiacenti formati da due rette che si intersecano in un punto sono perpendicolari tra loro.
4. Dimostra che se $A$, $B$, $C$, e $D$ sono quattro punti di una retta (in questo ordine di successione) tali che i due segmenti $AB$ e $CD$ sono uguali, allora anche i segmenti $AC$ e $BD$ sono uguali.
5. Dimostra che se $A$, $C$, $B$, e $D$ sono quattro punti di una retta (in questo ordine di successione) tali che i due segmenti $AB$ e $CD$ sono uguali, allora anche i segmenti $AC$ e $BD$ sono uguali.
6. Dimostra che se $A$, $B$, $C$, e $D$ sono quattro punti di una retta (in questo ordine di successione) tali che i due segmenti $AB$ e $CD$ sono uguali, allora i segmenti $AD$ e $BC$ hanno lo stesso punto medio.
7. Dato l'angolo $A\hat{V}B$ sia $VC$ la sua bisettrice. Sia poi $VD$ un qualsiasi semiretta interna all'angolo $A\hat{V}C$; dimostra che $D\hat{V}B > D\hat{V}A$.
8. Con riferimento al precedente problema, traccia l'ulteriore semiretta $VE$, interna all'angolo $C\hat{V}B$ e tale che $C\hat{V}E = C\hat{V}D$. Dimostra che $D\hat{V}A = E\hat{V}B$.

LEZIONE 2

# IL PRIMO CRITERIO DI UGUAGLIANZA DEI TRIANGOLI

## 2.1 Uguaglianza di triangoli

Una delle relazioni fondamentali in geometria è quella di uguaglianza. Dal punto di vista intuitivo due figure sono uguali quando è possibile sovrapporle esattamente. Negli *Elementi* di Euclide tale definizione viene adottata solo per i segmenti e gli angoli (nel senso che due angoli sono uguali quando si possono sovrapporre entrambe le semirette che ne formano i lati). Per i triangoli – e più in generale per i poligoni – uguaglianza significa avere tutti i lati e tutti gli angoli uguali. Anzi, nel caso dei poligoni Euclide non usa neppure la parola "uguaglianza" secondo l'accezione moderna, ma dicendo che due poligoni sono uguali intende che hanno la stessa superficie (cosa che invece noi esprimiamo dicendo che i poligoni sono equivalenti).

## 2.2 Criteri di uguaglianza

In base alla definizione appena data, per far vedere che due triangoli sono uguali dovremmo dimostrare che ciascuno dei tre lati del primo triangolo è uguale al corrispondente lato nel secondo triangolo, e analogamente per i tre angoli. Di fatto questo non è necessario; esistono infatti dei teoremi – comunemente noti come *criteri di uguaglianza dei triangoli* – in base ai quali, per affermare che due triangoli sono uguali è sufficiente conoscere la rispettiva uguaglianza di: due lati e l'angolo compreso (primo criterio), un lato e i due angoli adiacenti (secondo criterio), tre lati (terzo criterio). Se dunque abbiamo dimostrato che due triangoli sono uguali utilizzando uno dei tre criteri potremo affermare che anche le coppie di lati o angoli di cui non sapevamo inizialmente se erano uguali sono effettivamente uguali. In tal caso si dice che i due lati – o i due angoli – sono uguali perché "elementi corrispondenti in triangoli uguali" (E.C.T.U.).

Il primo criterio di uguaglianza dei triangoli viene dimostrato in maniera molto semplice portando due lati di un triangolo a coincidere con i corrispondenti lati dell'altro triangolo. Ma che cosa significa *trasportare un segmento*?

## 2.3 Trasporto di segmenti

Supponiamo di voler riportare un segmento dato su una retta assegnata, in modo che un estremo del segmento coincida con un punto specificato della retta. Il modo in cui tale operazione viene realizzata in pratica consiste nell'aprire il compasso con apertura pari al segmento da trasportare, puntare il compasso sul punto della retta e individuare il secondo estremo del segmento trasportato con una delle due intersezioni tra la circonferenza e la retta. In realtà questa operazione, che a noi può sembrare immediata, non è prevista dai postulati; in particolare il terzo stabilisce che si può sempre tracciare una circonferenza dato un centro e il raggio ma non che il primo possa non essere un estremo del secondo. È come se il compasso di Euclide si richiudesse quando lo stacchiamo dal foglio. Per questo motivo la seconda e terza proposizione del primo libro degli *Elementi* mostrano rispettivamente come costruire un segmento uguale ad un segmento dato e avente un estremo in un punto assegnato e come ruotare il segmento così trasportato in modo che esso si trovi ad avere una direzione assegnata.

## 2.4 Riportare un segmento con un estremo su un punto

Dopo aver mostrato, nella prima proposizione del primo libro, come si costruisce un triangolo equilatero (avente cioè tutti e tre i lati uguali) di lato assegnato, Euclide passa nella seconda a illustrare come costruire un segmento uguale ad un segmento assegnato avente uno degli estremi in un punto dato. L'enunciato di questo teorema (si ricordi che le costruzioni geometriche sono teoremi a tutti gli effetti) è il seguente:

> **Applicare ad un punto dato una retta uguale ad una retta data.**

Si noti il termine "applicare" che significa riportare, costruire. Si noti anche che il segmento è chiamato "retta", in quanto la retta è sempre considerata finita (e quindi è concettualmente un segmento) sebbene sia indefinitamente prolungabile. La costruzione è illustrata in figura 2. Inizialmente sono dati il punto $A$ e il segmento $BC$. Costruiamo il triangolo equilatero $ABD$ di lato $AB$ (secondo quanto illustrato nella prima proposizione del primo libro). Disegniamo poi la circonferenza di centro $B$ e raggio $BC$ che incontra la semiretta $DB$ nel punto $E$. Successivamente disegniamo la circonferenza di centro $D$ e raggio $DE$ che incontra la semiretta $DA$ nel punto $F$: $AF$ è il segmento cercato. Infatti $AF = DF - DA$, ma $DF = DE$ e $DA = DB$, quindi $AF = BE = BC$.

Scriviamo adesso in maniera formale i passaggi della costruzione, in riferimento alla figura 2, riportando per ciascun passaggio il relativo postulato, assioma o proposizione:

1. costruzione del triangolo equilatero $ABD$ (proposizione 1);
2. costruzione delle semirette $DA$ e $DB$ (secondo postulato);

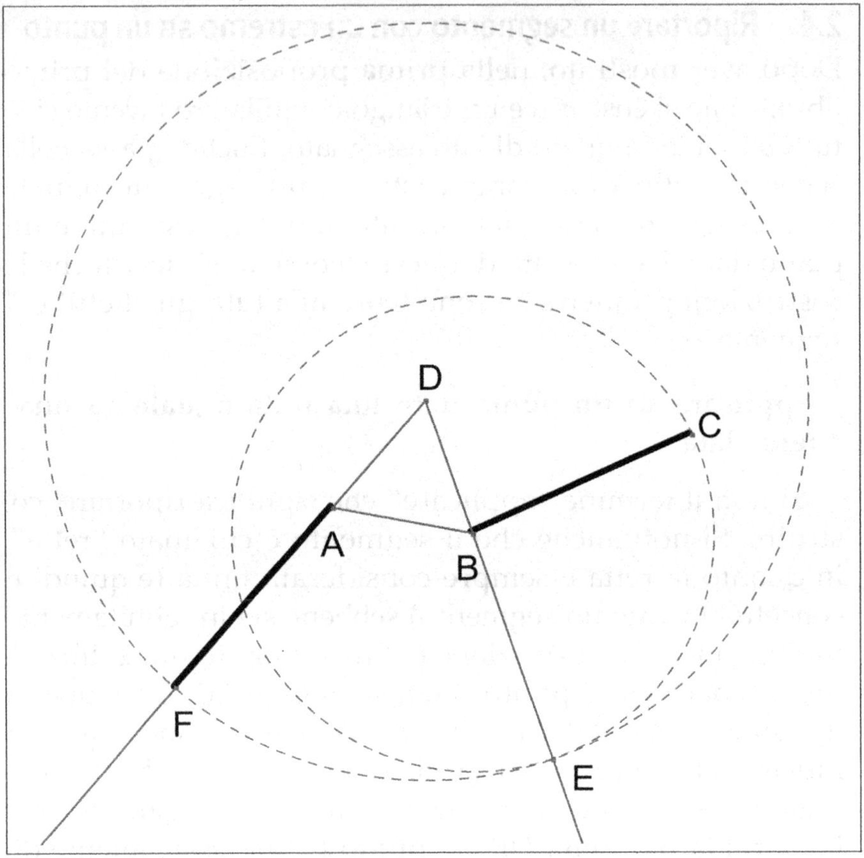


Figura 2: Trasporto di un segmento

3. costruzione della circonferenza di centro *B* e raggio *BC* e determinazione del punto *E* come intersezione tra la circonferenza e la semiretta *DB* (terzo postulato);
4. costruzione della circonferenza di centro *D* e raggio *DE*, determinazione del punto *F* come intersezione tra la circonferenza e la semiretta *DA* (terzo postulato).

Formalizziamo i passaggi della dimostrazione che giustifica la costruzione vista sopra:

**Ipotesi**: la costruzione di Figura 3

1. $AD = DB = AB$ (proposizione 1)
2. $BE = BC$ (ipotesi)
3. $DE = DF$ (ipotesi)
4. $AF = DF - AD = DE - BE = BE$ (assioma III, 1, 3)
5. **Tesi:** $AF = BE = BC$ (assioma I, 4)

## 2.5 Ruotare un segmento

Anche la terza proposizione del primo libro è una costruzione geometrica e costituisce il completamento della precedente in quanto stabilisce come portare un segmento dato a giacere su una semiretta assegnata. In effetti, l'enunciato della proposizione non parla di trasporto di un segmento ma piuttosto di differenza tra segmenti, tuttavia – come vedremo dalla dimostrazione – le due operazioni si equivalgono. Vale quindi il teorema:

**Date due rette disuguali, togliere dalla maggiore una retta uguale alla minore**

Si noti, ancora una volta, il termine "retta" per "segmento". Con riferimento alla figura 3, sia $AB$ il segmento che deve essere tolto da $CD$. Per prima cosa si applica la costruzione della proposizione 2 per copiare il segmento $AB$ a partire da $C$ in $CE$. Successivamente, con centro in $C$ e raggio pari a $CE$ si traccia una circonferenza che incontra il segmento $CD$ in $F$: $FD$ è il segmento cercato. Come si può facilmente vedere, una conseguenza immediata di questa costruzione è che il segmento $CF$ risulta essere uguale ad $AB$ e "applicato" sul segmento $CD$ a partire da $C$.

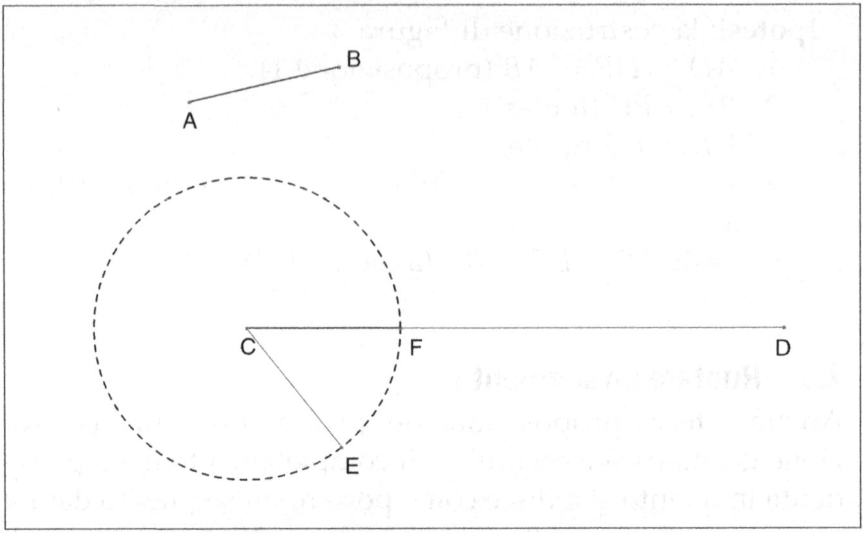


Figura 3: Rotazione di un segmento

## 2.6 Il primo criterio di uguaglianza dei triangoli

La quarta proposizione del primo libro degli *Elementi* è universalmente nota come *primo criterio di uguaglianza per i triangoli*. Ricordiamo che nell'accezione moderna del termine *triangoli uguali* significa *triangoli identici*, cioè perfettamente sovrapponibili, ovvero con tutti i lati e tutti gli angoli uguali. Per Euclide, invece, *triangoli uguali* significa solo *triangoli equivalenti*, cioè aventi la stessa estensione superficiale. Per questo motivo nell'enunciato della quarta proposizione viene specificato esplicitamente che i due triangoli hanno tutti gli elementi corrispondenti (lati e angoli) uguali.

**Se due triangoli hanno due lati rispettivamente uguali a due lati ed hanno uguali gli angoli compresi fra i lati uguali, avranno anche la base uguale alla base, il triangolo sarà uguale al triangolo, e gli angoli rima-**

**nenti del primo, opposti ai lati uguali, saranno uguali ai rispettivi angoli rimanenti del secondo.**

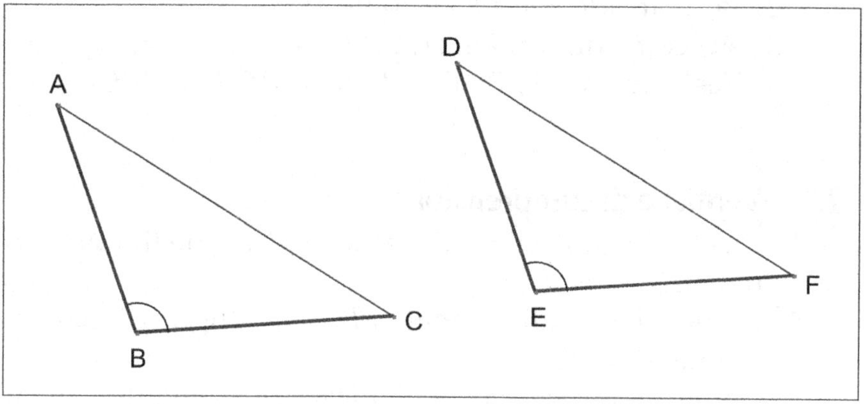


Figura 4: Il primo criterio di uguaglianza dei triangoli

Questo enunciato può apparire di difficile comprensione, ma in realtà è il criterio che oggigiorno usualmente si enuncia così: «Due triangoli aventi uguali una coppia di lati e l'angolo compreso, sono uguali».

Siano infatti, con riferimento alla figura 4, $ABC$ e $DEF$ due triangoli tali che $AB = DE$, $BC = EF$ e $A\hat{B}C = D\hat{E}F$. Ora, possiamo trasportare il segmento $DE$ su $AB$ con il vertice $E$ coincidente con $B$; poiché i due segmenti sono uguali per ipotesi anche $A$ coincide con $D$. A questo punto osserviamo che le semirette $BC$ ed $EF$ coincidono essendo uguali gli angoli $A\hat{B}C$ e $D\hat{E}F$, quindi il vertice $C$ verrà a coincidere con il vertice $F$. Essendo allora $AC$ coincidente con $DF$ sarà anche $AC = DF$, $B\hat{A}C = E\hat{D}F$ e $A\hat{C}B = D\hat{F}E$.

Formalizziamo i passaggi della dimostrazione:

**Ipotesi**: con riferimento alla Figura 4, $AB = DE$, $BC = EF$, $A\hat{B}C = D\hat{F}E$

1. $AB$ coincide con $DE$ (proposizioni 2 e 3, ipotesi)
2. $BC$ coincide con $EF$ (1, ipotesi)
3. $AC$ coincide con $DF$ (1, 2)
4. **Tesi**: $AC = DF$, $B\hat{A}C = E\hat{D}F$, e $A\hat{C}B = D\hat{F}E$ (3).

## 2.7 Verifiche di comprensione

1. Che cosa significa, intuitivamente, che due figure sono uguali?
2. Come viene intesa negli *Elementi* l'uguaglianza di segmenti e angoli?
3. Come viene intesa negli *Elementi* l'uguaglianza di poligoni?
4. Con che significato viene utilizzata la parola "uguaglianza" negli *Elementi* in riferimento ai poligoni?
5. Che cosa sono i criteri di uguaglianza dei triangoli?
6. Quanti sono e che cosa affermano i criteri di uguaglianza dei triangoli?
7. Che cosa significa "elementi corrispondenti in triangoli uguali"?
8. Qual è l'usuale procedimento (con riga e compasso) per trasportare un segmento dato su una retta assegnata?
9. Che cosa dice esattamente il terzo postulato del primo libro degli *Elementi*?
10. Come possiamo interpretare tale postulato?
11. Perché si dice che il compasso di Euclide "si richiude" quando viene staccato dal foglio?
12. Enuncia e dimostra la seconda proposizione del primo libro degli *Elementi*.
13. Enuncia e dimostra la terza proposizione del primo

libro degli *Elementi*.

14. Enuncia e dimostra la quarta proposizione del primo libro degli *Elementi* (primo criterio di uguaglianza dei triangoli).

## 2.8 Problemi

1. Dato un segmento $AB$ costruisci il triangolo equilatero $ABC$.
2. Dati due segmenti $AB$ e $CD$ non appartenenti alla stessa retta, sviluppa una costruzione geometrica per ottenere il segmento $AE = AB + CD$.
3. Dati tre segmenti $AB$, $CD$, $EF$, costruisci il triangolo $ABG$ di lati uguali ai tre segmenti dati (*Nota: come verrà dimostrato in seguito, tra i lati deve valere la disuguaglianza* $AB < CD + EF$).
4. Siano $ABC$ e $DEF$ due triangoli uguali (con il vertice $A$ che corrisponde a $D$, $B$ che corrisponde ad $E$, e $C$ che corrisponde ad $F$). Sia inoltre $M$ il punto medio del lato $AB$ ed $N$ il punto medio del lato $DE$. Dimostra che i triangoli $AMC$ e $DNF$ sono uguali.
5. Sono date due semirette $r$ ed $s$ aventi in comune l'origine $V$. Su $r$ si prendono due punti $A$ e $B$ e su $s$ due punti $C$ e $D$ tali che $VA = VC$ e $VB = VD$. Dimostra che $AD = BC$.
6. Dimostra che due triangoli isosceli aventi uguali l'angolo al vertice e uno dei lati sono uguali tra loro.
7. Dimostra che in due triangoli uguali le mediane relative a due lati corrispondenti sono uguali (*Ricorda che la mediana relativa a un lato di un triangolo è il segmento che unisce il punto medio del lato con il vertice opposto*).
8. Nel triangolo scaleno $ABC$ prolunga il lato $AC$ di un segmento $CD = CB$. Traccia poi la retta $r$ bisettrice

dell'angolo $D\hat{C}B$. Dimostra che $DB$ e la retta $r$ sono perpendicolari (*Ricorda che si chiama bisettrice di un angolo la retta che lo divide in due parti uguali*).

9. Sulla bisettrice dell'angolo $B\hat{A}C$ del triangolo $ABC$ prendi due punti $D$ ed $E$ tali che $AD = AB$ e $AE = AC$. Dimostra che $A\hat{B}E = A\hat{D}C$.
10. Sulla bisettrice dell'angolo di vertice $C$ del triangolo $ABC$, isoscele sulla base $AB$, prendi un punto $P$ qualsiasi. Dimostra che $PA = PB$.

LEZIONE 3

# IL TRIANGOLO ISOSCELE

## 3.1 Alcune definizioni

Questa lezione è dedicata al triangolo isoscele. Ricordiamo brevemente che un triangolo si dice isoscele quando due dei suoi lati sono uguali, se poi tutti e tre i lati sono uguali il triangolo si dice *equilatero* (nel caso in cui siano uguali tutti e tre gli angoli si parla di triangolo *equiangolo*). Un triangolo con tutti e tre i lati differenti si dice *scaleno*. Ricordiamo inoltre che la retta che divide a metà un angolo di un triangolo si chiama *bisettrice*, la retta che unisce un vertice del triangolo col punto medio del lato opposto è una *mediana*, la perpendicolare tracciata da un vertice alla retta del lato opposto si chiama *altezza*. È chiaro che in ogni triangolo vi sono tre bisettrici, tre mediane e tre altezze.

## 3.2 Teoremi diretti e teoremi inversi

La proposizione 5 del primo libro degli *Elementi* stabilisce che se un triangolo è isoscele – cioè se ha due lati uguali – anche i due angoli alla base sono uguali. Supponiamo di sapere che un certo triangolo ha due angoli uguali; possiamo dire che è isoscele? Sulla base della proposizione 5 no, infatti in una implicazione logica non possiamo scambiare le premesse con le conclusioni: se l'ipotesi è verificata lo sarà anche la tesi, ma se sappiamo che si verifica quanto descritto nella tesi, nulla possiamo dire riguardo all'ipotesi (l'implicazione con il conseguente vero è vera sia se l'antecedente è vero sia se è falso).

Nel caso del triangolo isoscele vale sia l'implicazione diretta (nel triangolo isoscele gli angoli alla base sono uguali) che quella inversa (un triangolo con gli angoli alla base uguali è isoscele), ma quest'ultima proprietà deve essere dimostrata in maniera indipendente dall'altra, ed è proprio quello che fa Euclide nella sesta proposizione del primo libro.

## 3.3 Il teorema del triangolo isoscele

La proposizione 5 del primo libro degli *Elementi* stabilisce che se un triangolo è isoscele gli angoli alla base sono uguali. Per la precisione essa recita:

> **Nei triangoli isosceli gli angoli alla base sono uguali tra loro, e venendo prolungati i lati uguali gli angoli sotto la base saranno pure uguali tra loro**

Notiamo che l'enunciato originale di questo teorema fa esplicito riferimento agli angoli "sotto la base", cioè, nel disegno di figura 5, gli angoli $D\hat{B}C$ ed $E\hat{C}B$.

Dunque, sui prolungamenti dei lati $AB$ e $AC$ vengono presi rispettivamente due segmenti arbitrari $DB$ e $CE$ uguali tra loro. Essendo somma di segmenti uguali, anche i segmenti $AD$ e $AE$ sono uguali tra loro (seconda nozione comune: somme di cose uguali sono uguali).

Consideriamo i triangoli $ADC$ e $ABE$; essi hanno: $AD = AE$ (somma di segmenti uguali), $AC = AB$ (per ipotesi) e l'angolo $B\hat{A}C$ in comune, pertanto sono uguali in base al primo criterio di uguaglianza dei triangoli. Dall'uguaglianza dei due triangoli deduciamo che $DC = BE$ perché elementi corrispondenti in triangoli uguali; per lo stesso motivo valgono le seguenti uguaglianze tra gli angoli dei due triangoli:

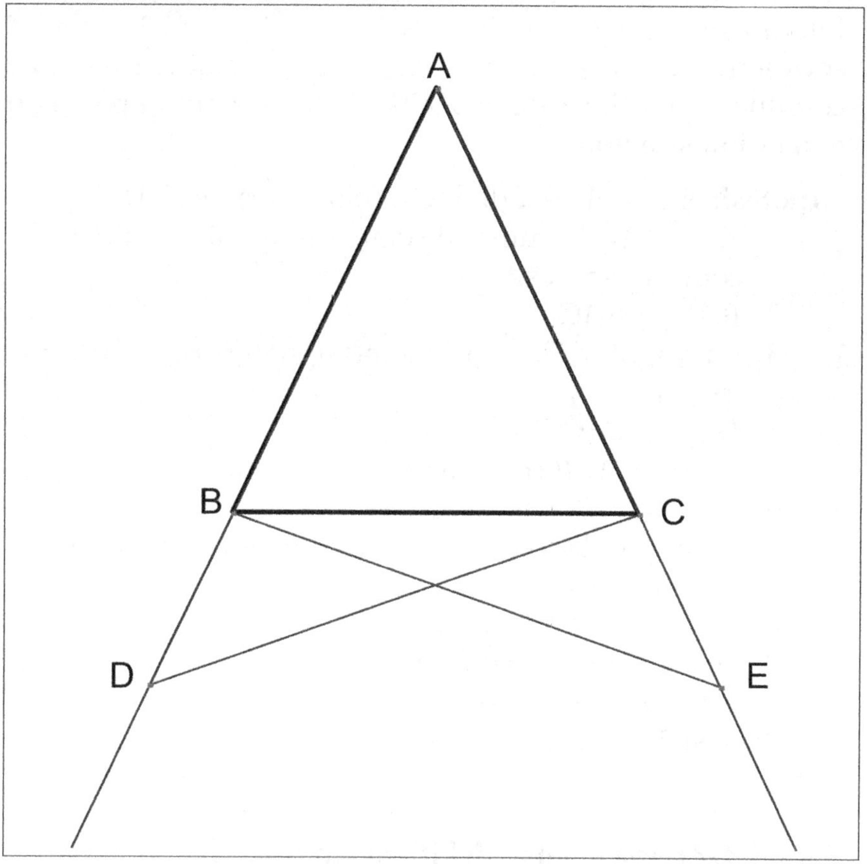


Figura 5: Il teorema del triangolo isoscele

$A\hat{D}C = A\hat{E}B$ e $A\hat{C}D = A\hat{B}E$. Prendiamo poi in considerazione i triangoli $DCB$ ed $EBC$, anche essi sono uguali per il primo criterio. Infatti: $DB = CE$ per costruzione, mentre $DC = BE$ e $B\hat{D}C = C\hat{E}B$, come abbiamo appena visto. Dall'uguaglianza di questi triangoli segue che $C\hat{B}D = E\hat{C}B$ (gli angoli posti sotto la base sono uguali) e che $B\hat{C}D = C\hat{B}E$, ma poiché avevamo già dimostrato che $A\hat{C}D = A\hat{B}E$, ne segue che $A\hat{B}C = A\hat{C}B$ (gli angoli alla base sono uguali).

Infatti $A\hat{B}C = A\hat{B}E - C\hat{B}E$ e $A\hat{C}B = A\hat{C}D - B\hat{C}D$, e poiché sottraendo da cose uguali i resti sono uguali (III nozione comune), ecco che $A\hat{B}C = A\hat{C}B$. Formalizziamo i passaggi della dimostrazione:

**Ipotesi**: $AC = AB$ e $DB = CE$ (per costruzione)

1. $AD = AE$ (somma di segmenti uguali – II nozione comune, ipotesi)
2. $B\hat{A}C = B\hat{A}C$
3. i triangoli $ADC$ e $ABE$ sono uguali (primo criterio, ipotesi, 1, 2)
4. $DC = BE$ (E.C.T.U., 3)
5. $A\hat{D}C = A\hat{E}B$ (E.C.T.U., 3)
6. $A\hat{C}D = A\hat{B}E$ (E.C.T.U., 3)
7. i triangoli $DCB$ ed $EBC$ sono uguali (primo criterio, ipotesi, 4, 6)
8. $B\hat{C}D = C\hat{B}E$ (E.C.T.U., 7)
9. **Tesi 1**: $A\hat{B}C = A\hat{B}E - C\hat{B}E = A\hat{C}D - B\hat{C}D = A\hat{C}B$ (III nozione comune, 6, 8)
10. **Tesi 2**: $C\hat{B}D = E\hat{C}B$ (E.C.T.U., 7).

## 3.4 Il teorema inverso del triangolo isoscele

L'inverso del teorema appena visto (proposizione 6 del primo libro degli *Elementi*) stabilisce che un triangolo avente due angoli uguali è anche isoscele. L'enunciato esatto del teorema è il seguente:

**Se in un triangolo due angoli sono uguali fra loro, anche i lati opposti agli angoli uguali saranno uguali fra loro**

La dimostrazione originale di Euclide in questo caso procede per assurdo; facendo riferimento alla figura 6 sup-

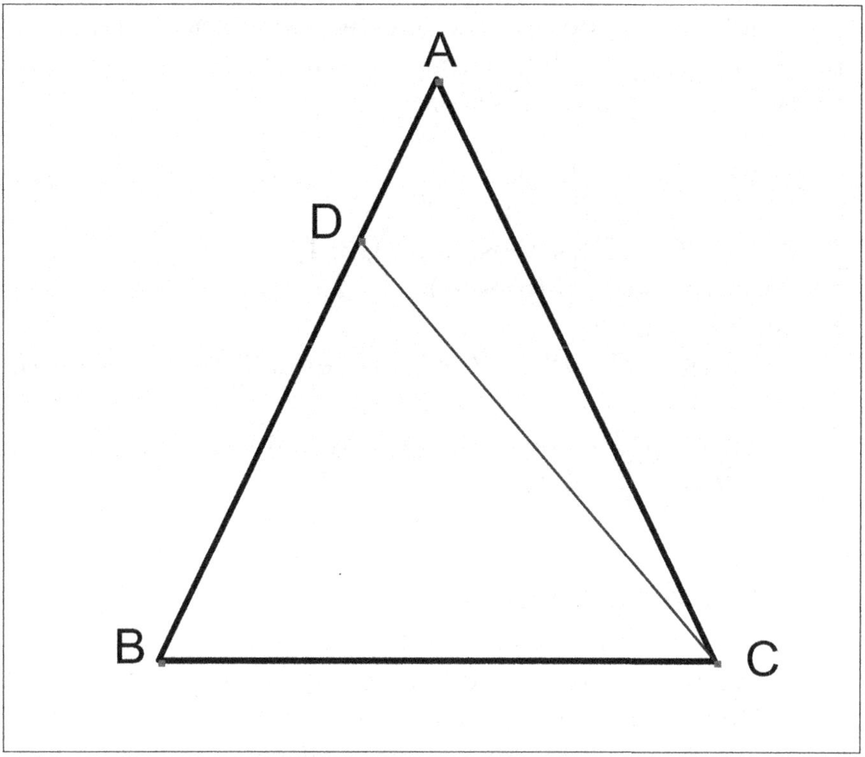


Figura 6: Il teorema inverso del triangolo isoscele

poniamo che i lati *AC* e *AB* non siano uguali, per esempio sia $AB > AC$. In tal caso possiamo prendere un punto *D* sul lato *AB* tale che $DB = AC$ (notiamo che si tratta della costruzione dimostrata nella proposizione I, 3). Consideriamo ora i triangoli *ABC* e *DBC*; essi hanno: $DB = AC$, il lato *BC* in comune e l'angolo in *B* e quello in *C* uguali per ipotesi (nel triangolo *ABC* il lato *AC*, l'angolo in *C* e il lato *CB* corrispondono rispettivamente al lato *DB*, l'angolo in *B* e il lato *BC*); quindi – in virtù del primo criterio di uguaglianza dei triangoli – sono uguali. Questo è però in contraddizione con l'ottava nozione comune (il tutto è maggiore della parte) poiché il triangolo $DBC$ è una parte di $ABC$. Formalizziamo i passaggi della dimostrazione:

**Ipotesi**: $A\hat{B}C = A\hat{C}B$

1. $AB > AC$ (tesi negata)
2. $DB = AC$ (proposizione I, 3; 1)
3. $D\hat{B}C = A\hat{C}B$ (ipotesi)
4. $BC = CB$
5. i triangoli $DBC$ e $ABC$ sono uguali (primo criterio, 2, 3, 4)
6. contraddizione (VIII nozione comune, 1, 5)
7. **Tesi**: $AB = AC$ (6)

## 3.5 Verifiche di comprensione

1. Quando un triangolo si dice *isoscele*?
2. Quando un triangolo si dice *equilatero*?
3. Quando un triangolo si dice *equiangolo*?
4. Quando un triangolo si dice *scaleno*?
5. Che cos'è la bisettrice in un triangolo?
6. Che cos'è la mediana in un triangolo?
7. Che cos'è l'altezza in un triangolo?
8. Quante sono le bisettrici, le mediane e le altezze in un triangolo?
9. Se in una implicazione logica che è stata dimostrata essere vera si scambia l'antecedente con il conseguente, si ottiene una implicazione che è ancora necessariamente vera?
10. Che cosa significa "angoli posti sotto la base" in un triangolo?
11. Enuncia e dimostra la proposizione 5 del primo libro degli *Elementi* (teorema del triangolo isoscele).

12. Enuncia e dimostra la proposizione 6 del primo libro degli *Elementi* (teorema inverso del triangolo isoscele).

## 3.6 Problemi

1. Disegna uno schema visuale della dimostrazione del teorema del triangolo isoscele che evidenzi le relazioni logiche tra i vari passaggi.
2. Il triangolo $ABC$ è isoscele sulla base $BC$. Dimostra che le mediane $CM$ e $BN$, relative ai lati uguali $AB$ e $AC$ rispettivamente, sono uguali tra loro (*Suggerimento: prendi in considerazione i triangoli* $AMC$ *e* $ANB$*...*).
3. Sui lati obliqui $AB$ e $AC$ del triangolo isoscele $ABC$ prendi due punti $D$ ed $E$ rispettivamente in modo che $AD = AE$. Dimostra che $BE = DC$.
4. Sulla retta della base $AB$ di un triangolo isoscele $ABC$ prendi, esternamente al triangolo, due punti $D$ ed $E$ ($D$ dalla parte di $A$ ed $E$ dalla parte di $B$) tali che $AD = BE$. Dimostra che i triangoli $ACD$ e $CBE$ sono uguali.
5. Dimostra che in un triangolo isoscele la bisettrice dell'angolo opposto alla base è anche altezza e mediana.
6. Sulla base $AB$ di un triangolo isoscele $ABC$ prendi due punti $D$ ed $E$ tali che $AD = BE$. Dimostra che $DC = EC$.
7. Nel triangolo scaleno $ABC$ prolunga il lato $AB$ di un tratto $AD = AC$ e il lato $AC$ di un tratto $AE = AB$; sia inoltre $F$ il punto di incontro delle rette $DE$ e $BC$. Dimostra che il triangolo $DCF$ è isoscele, considerando separatamente i due casi: $AB < AC$ e $AB > AC$.
8. In un triangolo $ABC$ isoscele sulla base $AB$ sia $D$ il punto di incontro delle bisettrici degli angoli alla base. Dimostra che $CD$ è la bisettrice dell'angolo $A\hat{C}B$.

9. Dimostra che il triangolo ottenuto unendo i punti medi dei lati di un triangolo isoscele è a sua volta isoscele.
10. Dimostra che se in un triangolo la mediana di un lato è anche altezza relativa a quel lato, allora il triangolo è isoscele.
11. Sul prolungamento della base $BC$ di un triangolo isoscele $ABC$ prendi due punti $D$ ed $E$ ($D$ dalla parte di $B$ ed $E$ dalla parte di C) tali che $BD = CE$. Sia poi $F$ il punto di incontro delle bisettrici degli angoli $A\hat{B}D$ e $A\hat{C}E$. Dimostra che il triangolo $DFE$ è isoscele.
12. Nel triangolo $ABC$ isoscele sulla base $BC$ gli angoli alla base sono doppi dell'angolo al vertice. Detto $D$ il punto in cui la bisettrice dell'angolo in $B$ incontra il lato $AC$, dimostra che $BD = AD$.

LEZIONE 4

# IL TERZO CRITERIO DI UGUAGLIANZA DEI TRIANGOLI

## 4.1 Uguaglianza di triangoli con i tre lati uguali

Il teorema che stabilisce che due triangoli aventi i tre lati ordinatamente uguali sono uguali è universalmente noto come terzo criterio di uguaglianza dei triangoli. Di fatto però, negli *Elementi* di Euclide esso viene presentato per secondo, essendo la proposizione 8 del primo libro, mentre quello che oggigiorno viene indicato come secondo criterio di uguaglianza è introdotto successivamente (proposizione 26 del primo libro). La dimostrazione del criterio dei tre lati fa uso di un importante lemma, enunciato nella proposizione precedente, cioè la settima:

> **Su una retta data e da ciascun suo estremo si conducano due rette che si incontrino in un punto; non è possibile costruire con gli stessi estremi e dalla stessa parte altre due rette rispettivamente uguali a quelle prima costruite ed aventi un diverso punto di incontro**

Ricordiamo, ancora una volta, che il termine "retta" significa in questo contesto "segmento". Il senso di questo teorema è chiaro: due segmenti di lunghezza assegnata e aventi uno degli estremi in due punti dati possono avere un solo punto di incontro da una stessa parte.

Per quanto riguarda la dimostrazione procediamo per assurdo, facendo riferimento alla figura 7. Supponiamo quindi

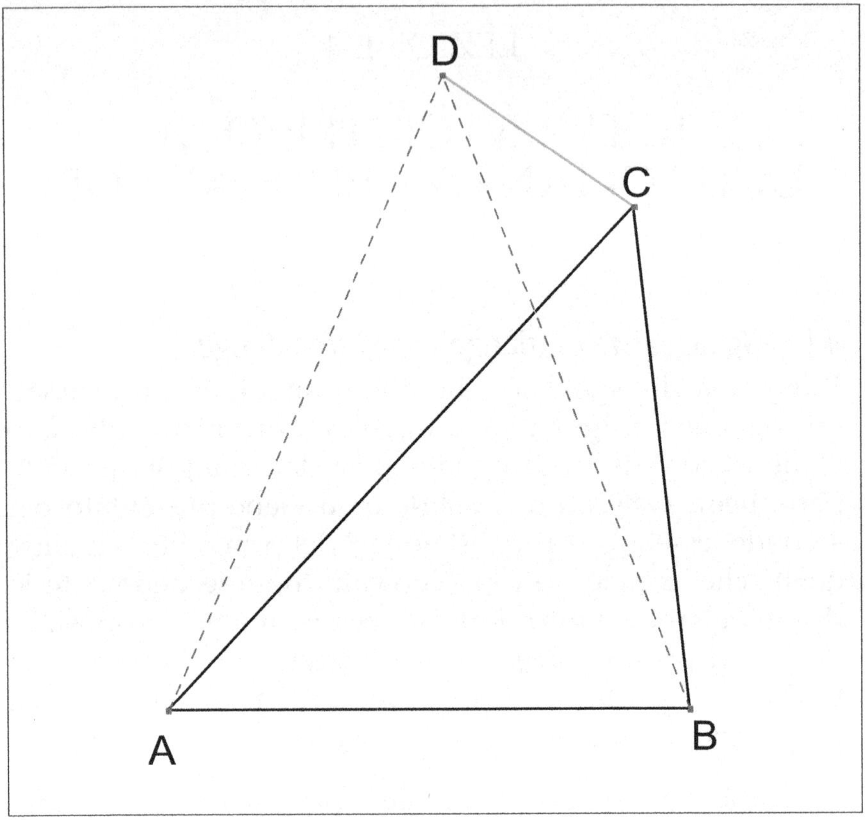


Figura 7: Unicità del punto di incontro di segmenti uguali

che vi siano due segmenti $AD$ e $BD$, uguali rispettivamente a $AC$ e $BC$, che si incontrano in un punto $D$ diverso da $C$. L'angolo $C\hat{D}A$ è maggiore di $B\hat{D}C$ in quanto il secondo è una parte del primo. D'altra parte il triangolo $BDC$ è isoscele, quindi $B\hat{D}C = B\hat{C}D$. Ora, $B\hat{C}D$ è maggiore di $D\hat{C}A$, in quanto quest'ultimo è in esso contenuto.

Abbiamo quindi la seguente serie di uguaglianze e disuguaglianze: $C\hat{D}A > B\hat{D}C = B\hat{C}D > D\hat{C}A$, da cui ricaviamo che $C\hat{D}A > D\hat{C}A$. Ma anche il triangolo $ACD$ è isoscele, pertanto deve essere $C\hat{D}A = D\hat{C}A$; siamo dunque caduti in contraddizione e il teorema risulta così dimostrato.

Formalizziamo i passaggi della dimostrazione:

**Ipotesi**: negando la tesi, $AC = AD$, $BC = BD$

1. $C\hat{D}A > B\hat{D}C$ (nozione comune VIII, ipotesi)
2. $B\hat{D}C = B\hat{C}D$ (teorema del triangolo isoscele, ipotesi)
3. $B\hat{C}D > D\hat{C}A$ (nozione comune VIII, ipotesi)
4. $C\hat{D}A > D\hat{C}A$ (1, 2, 3)
5. $C\hat{D}A = D\hat{C}A$ (teorema del triangolo isoscele, ipotesi)
6. contraddizione (4, 5)
7. **Tesi**: il punto $C$ è unico.

Una volta acquisita questa proposizione, la dimostrazione del criterio di uguaglianza è immediata, essendo praticamente una conseguenza diretta di tale proposizione. Nell'enunciato del teorema l'uguaglianza dei triangoli viene affermata dichiarando esplicitamente che gli angoli corrispondenti sono uguali (i lati sono già uguali per ipotesi).

**Se due triangoli hanno due lati rispettivamente uguali a due lati, ed hanno anche la base uguale alla base, avranno uguali anche gli angoli compresi dai lati uguali**

Per la dimostrazione facciamo riferimento ancora una volta alla figura 7. Poiché i due triangoli hanno la stessa base, due dei vertici ($A$ e $B$) possono essere portati a coincidere mediante il movimento che sovrappone la base di uno dei triangoli con quella dell'altro (utilizzando la costruzione vista nella dimostrazione del primo criterio di uguaglianza).

Ragioniamo adesso per assurdo, supponendo che il terzo vertice *C* dei primo triangolo non coincida con il terzo vertice *D* del secondo. Avremmo allora due segmenti uguali con gli stessi estremi che si incontrano in due punti diversi, contrariamente a quanto stabilito dalla proposizione 7 del primo libro, sopra dimostrata; pertanto anche i terzi vertici coincidono. In conseguenza di ciò ciascuno degli angoli del primo triangolo ha i lati coincidenti con quelli del corrispondente angolo nel secondo triangolo, quindi anche gli angoli sono uguali.

Formalizziamo i passaggi della dimostrazione:

> **Ipotesi**: i tre lati del primo triangolo sono uguali ai tre lati del secondo
>
> 1. le due basi sono portate a coincidere (ipotesi, proposizioni 2 e 3 del primo libro)
> 2. negando la tesi, i terzi vertici *C* e *D* non coincidono
> 3. contraddizione (1, 2, proposizione 7)
> 4. i terzi vertici *C* e *D* coincidono (3)
> 5. **Tesi**: gli angoli corrispondenti nei due triangoli sono uguali (1, 4)

### 4.1.1 Costruzione della bisettrice di un angolo

Come prima applicazione del terzo criterio di uguaglianza, vediamo la costruzione con riga e compasso della bisettrice di un angolo dato. Si tratta della proposizione 9 del primo libro, che recita esattamente:

> **Dividere per metà un angolo rettilineo dato**

Altrove abbiamo già osservato come il concetto di "angolo" di Euclide sia più generale rispetto a quello attualmente accettato, e che per tale motivo sia necessario specificare l'aggettivo "rettilineo".

Dunque, facendo riferimento alla figura 8, con centro nel vertice $V$ e apertura arbitraria, tracciamo un arco di circonferenza che incontra i lati dell'angolo in $A$ e $B$. Successivamente costruiamo il triangolo equilatero $ABC$ (come mostrato nella prima proposizione del primo libro degli *Elementi*); la semiretta ottenuta unendo il vertice $V$ con il punto $C$ è la bisettrice cercata.

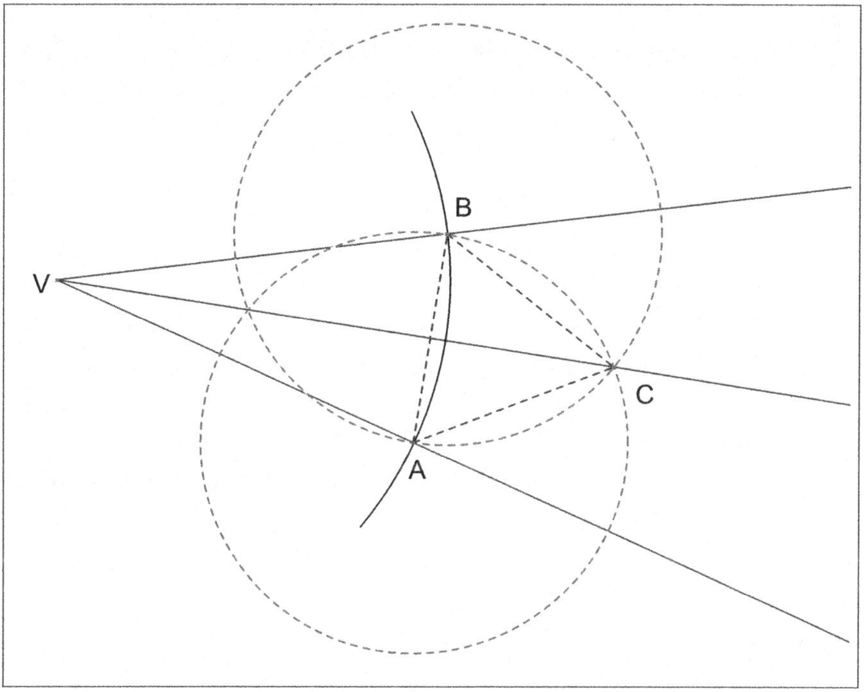


Figura 8: Costruzione della bisettrice

Infatti, in base al terzo criterio, i triangoli $VAC$ e $VBC$ sono uguali avendo $VA = VB$ e $AC = BC$ per costruzione, e $VC$ in comune; pertanto $A\hat{V}C = B\hat{V}C$ in quanto elementi corrispondenti nei due triangoli uguali. Osserviamo che in questo modo è immediato anche ottenere il punto medio del segmento $AB$ (la costruzione – proposizione 10 del primo libro – è lasciata come esercizio nel problema 10).

Formalizziamo la dimostrazione secondo i seguenti passaggi:

> **Ipotesi**: la costruzione della figura 8
> 1. $VA = VB$ (ipotesi)
> 2. $AC = BC$ (proposizione I, 1; ipotesi)
> 3. $VC = VC$
> 4. i triangoli $VAC$ e $VBC$ sono uguali (terzo criterio, 1, 2, 3)
> 5. **Tesi**: $A\hat{V}C = B\hat{V}C$ (E.C.T.U., 4)

## 4.2 Verifiche di comprensione

1. Che cosa asserisce il terzo criterio di uguaglianza dei triangoli?
2. In che ordine vengono dimostrati da Euclide i tre criteri di uguaglianza dei triangoli negli *Elementi*?
3. Enuncia e dimostra la proposizione 7 del primo libro degli *Elementi*.
4. Enuncia e dimostra la proposizione 8 del primo libro degli *Elementi*.

## 4.3 Problemi

1. Dimostra che nel triangolo isoscele la mediana relativa alla base è anche bisettrice e altezza.
2. Dimostra che due triangoli che hanno rispettivamente uguali due lati e la mediana relativa a uno di tali lati, sono uguali.
3. Dimostra che due triangoli che hanno rispettivamente

uguali due lati e la mediana relativa all'altro lato, sono uguali (*Suggerimento: prolunga in ogni triangolo la mediana di un tratto uguale a se stessa e considera i nuovi triangoli che così si vengono a formare; in particolare i due in cui un lato è un lato del vecchio triangolo e un altro lato è la mediana raddoppiata...*).

4. Dato il triangolo $ABC$, isoscele sulla base $BC$, considera un punto $D$ interno al triangolo tale che $BD = CD$. Detto $M$ il punto medio della base, dimostra che $A$, $D$ ed $M$ sono allineati. (*Suggerimento: per mostrare l'allineamento dei punti A, D, M bisogna far vedere che i due angoli $A\hat{D}M$ sono entrambi uguali a un angolo piatto...*).
5. Dato il triangolo $ABC$, isoscele sulla base $BC$, considera un punto $D$ posto al di sotto della base tale che $BD = CD$. Detto $M$ il punto medio della base, dimostra che $A$, $M$ e $D$ sono allineati.
6. È dato il triangolo $ABC$ isoscele sulla base $AB$. Sui prolungamenti dei lati considera i due segmenti uguali $AD$ e $BE$; sia inoltre $F$ l'intersezione tra $DB$ ed $AE$. Dimostra che $CF$ è la bisettrice dell'angolo $A\hat{C}B$ (*Suggerimento: considera dapprima i triangoli DAB e BAE, poi il triangolo ABF e infine i triangoli CAF e CFB...*).
7. Dimostra che se due quadrilateri hanno tutte le coppie di lati uguali e una coppia di angoli uguali, allora anche le altre due coppie di angoli sono uguali tra loro.
8. Sono dati due angoli uguali di vertici rispettivamente $V$ e $W$. Su un lato del primo angolo prendiamo un punto $A$ e sull'altro lato altri due punti $B$ e $C$. Sia poi $D$ un punto di un lato del secondo angolo ed $E$ ed $F$ due punti sull'altro lato. Sia inoltre $VA = WD$, $VB = WE$, $BC = EF$. Dimostra che i triangoli $ABC$ e $DEF$ sono uguali.

9. Dimostra che se due quadrilateri hanno uguali rispettivamente tutti i lati e una diagonale, allora sono uguali.
10. Dato un segmento $AB$ individua una costruzione con riga e compasso per determinarne il punto medio.

LEZIONE 5

# IL TEOREMA DELL'ANGOLO ESTERNO

## 5.1 Il teorema

Il teorema esposto nella proposizione 16 del primo libro degli *Elementi* (universalmente noto come *teorema dell'angolo esterno*) riveste una notevole importanza nel sistema della geometria di Euclide; in particolare è essenziale per dimostrare alcuni risultati riguardanti le rette parallele.

Questo teorema esprime una disuguaglianza, e precisamente il fatto che in un triangolo l'angolo esterno (quello formato da un lato e dal prolungamento di un altro lato) sia maggiore degli angoli interni sugli altri due vertici. La dimostrazione si basa su una costruzione geometrica e richiede il primo criterio di uguaglianza dei triangoli.

**In ogni triangolo, se si prolunga uno dei lati, l'angolo esterno è maggiore di ciascuno dei due angoli interni ed opposti.**

Per la dimostrazione facciamo riferimento alla figura 9. Il triangolo di partenza è $ABC$, prolunghiamo il lato $BC$ dalla parte di $C$ ottenendo la semiretta $CD$. L'angolo esterno è $A\hat{C}D$, la tesi del teorema è che $B\hat{A}C < A\hat{C}D$ e che $A\hat{B}C < A\hat{C}D$.

Sia $E$ il punto medio del segmento $AC$. Tracciamo poi la semiretta $BE$ su cui riportiamo il punto $F$ tale che $BE = EF$.

Osserviamo che in quest'ultima operazione si è fatto

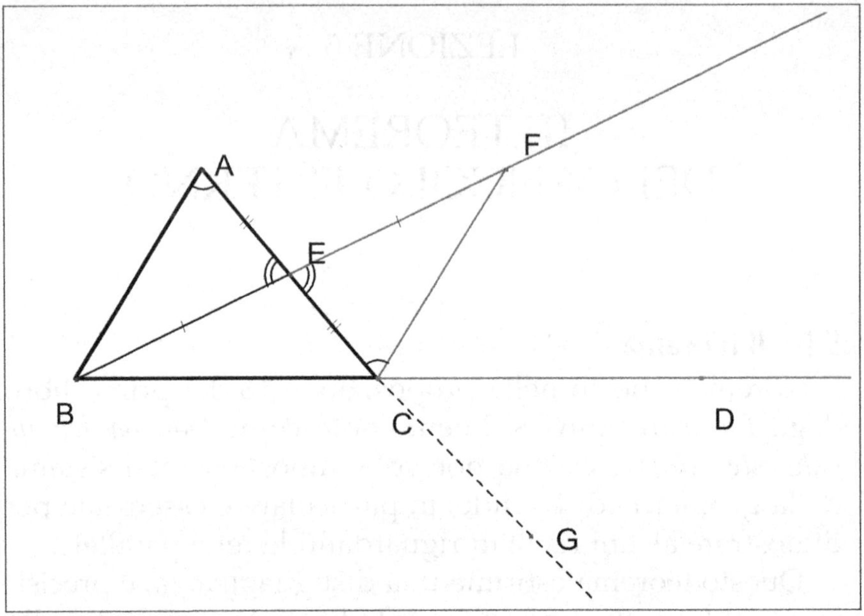


Figura 9: Il teorema dell'angolo esterno

ricorso a uno dei postulati (e precisamente il secondo), quello che dice che un segmento può essere prolungato indefinitamente (e quindi, per quanto sia lungo $BE$, sarà sempre possibile riportare un segmento $EF$ tale che $BE = EF$ sul prolungamento di $BE$).

Consideriamo adesso i due triangoli $ABE$ e $CFE$; essi sono uguali in base al primo criterio di uguaglianza in quanto hanno: $AE = EC$ e $BE = EF$ (per costruzione) e $A\hat{E}B = F\hat{E}C$ (poiché sono angoli opposti al vertice). Pertanto $B\hat{A}E = F\hat{C}E$ poiché sono elementi corrispondenti in triangoli uguali.

Ora, l'angolo $F\hat{C}E$ è compreso in $A\hat{C}D$ e noi sappiamo che – in base all'ottava nozione comune – il tutto è maggiore della parte. Quindi: $A\hat{C}D > F\hat{C}E = B\hat{A}E = B\hat{A}C$, e questo dimostra la prima parte della tesi.

Per dimostrare che è anche $A\hat{C}D > A\hat{B}C$, ripetiamo i passaggi precedenti considerando come angolo esterno $B\hat{C}G$, ottenuto prolungando il lato $AC$ dalla parte di $C$. In questo modo il lato che viene diviso a metà sarà $BC$, ecc. e si arriverà a dimostrare che $B\hat{C}G > A\hat{B}C$. Ora, osserviamo che $B\hat{C}G = A\hat{C}D$ in quanto opposti al vertice. Pertanto sarà anche $A\hat{C}D > A\hat{B}C$, e questo completa la dimostrazione.

Vediamo adesso di scrivere in maniera formale i passaggi della dimostrazione:

**Ipotesi**: $ABC$ triangolo, $A\hat{C}D$ angolo esterno

1. $AE = EC$ (costruzione)
2. $BE = EF$ sul prolungamento di $BE$ (costruzione, secondo postulato)
3. $A\hat{E}B = F\hat{E}C$ (costruzione, angoli opposti al vertice)
4. $ABE = CFE$ (1, 2, 3, primo criterio di uguaglianza dei triangoli)
5. $B\hat{A}E = F\hat{C}E$ (4, elementi corrispondenti in triangoli uguali)
6. $A\hat{C}D > F\hat{C}E$ (ottava nozione comune)
7. $A\hat{C}D > B\hat{A}E = B\hat{A}C$ (6, 5)
8. $B\hat{C}G > A\hat{B}C$ (stessa dimostrazione dei punti 1 – 7 riferita al lato $BC$)
9. $B\hat{C}G = A\hat{C}D$ (angoli opposti al vertice)
10. $A\hat{C}D > A\hat{B}C$ (8, 9)
11. $A\hat{C}D > B\hat{A}C$, $A\hat{C}D > A\hat{B}C$ (7, 10).

## 5.2 I corollari

Il teorema dell'angolo esterno ha alcuni importanti corollari. Il primo di questi corollari è enunciato e dimostrato nella proposizione successiva (la 17 del primo libro degli *Elementi*) a quella del teorema:

**In ogni triangolo la somma di due angoli, comunque presi, è minore di due retti.**

Per la dimostrazione facciamo ancora riferimento alla figura 9. Abbiamo dimostrato che $A\hat{B}C < A\hat{C}D$, quindi $A\hat{B}C + A\hat{C}B < A\hat{C}D + A\hat{C}B$ in base alla quarta nozione comune (*Se cose uguali sono addizionate a cose disuguali, le totalità sono disuguali*). Ora, $A\hat{B}C$ e $A\hat{C}B$ sono due angoli interni, mentre $A\hat{C}D + A\hat{C}B$ è l'angolo piatto $B\hat{C}D$; questo dimostra la tesi (per le altre coppie di angoli interni basta considerare un diverso angolo esterno).

Il secondo corollario afferma che:

**In un triangolo può esservi un solo angolo maggiore o uguale all'angolo retto**

In caso contrario infatti (due angoli retti, o due angoli ottusi, o un angolo retto e un angolo ottuso) la somma di due angoli interni sarebbe maggiore o uguale all'angolo piatto, in contraddizione con il precedente corollario.

Il terzo ed ultimo corollario afferma che:

**Gli angoli alla base di un triangolo isoscele sono acuti**

Infatti, gli angoli alla base di un triangolo isoscele sono uguali. Se dunque tali angoli fossero retti o ottusi avremmo una contraddizione con il precedente corollario.

## 5.3 Classificazione dei triangoli

I corollari del teorema dell'angolo esterno ci permettono di formulare alcune definizioni utili per classificare i triangoli in base agli angoli. Abbiamo visto (secondo corollario) che

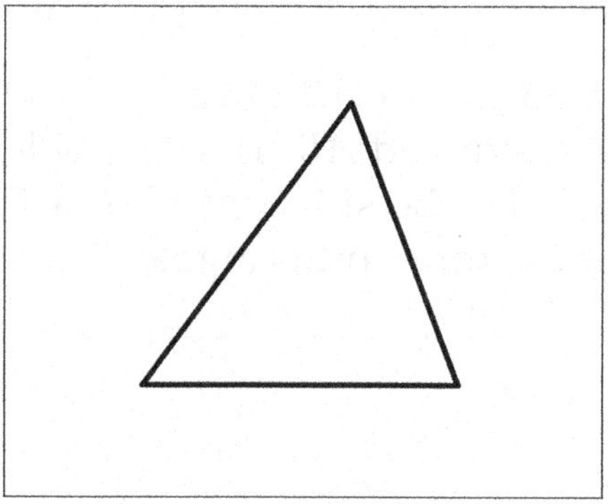

(a) Triangolo acutangolo

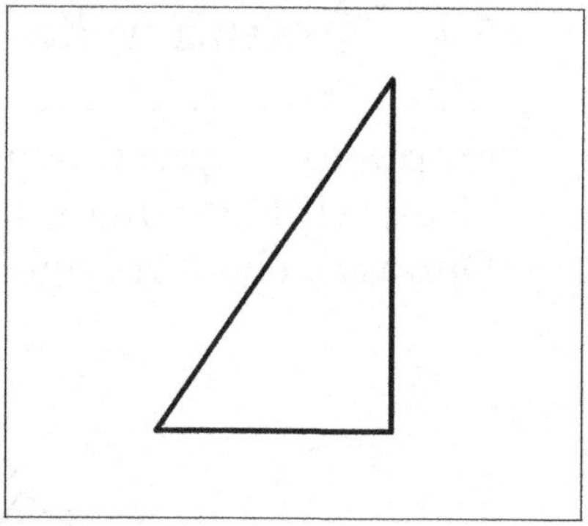

(b) Triangolo rettangolo

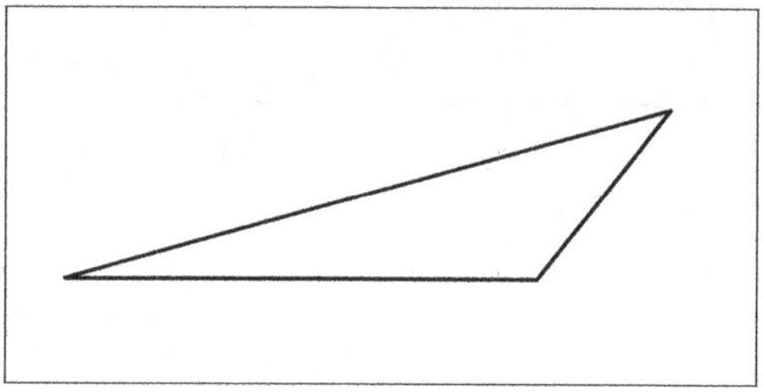

(c) Triangolo ottusangolo

Figura 10: Classificazione dei triangoli

in un triangolo ci può essere al massimo un angolo retto o ottuso, ma può anche non essercene nessuno. Un triangolo con tutti e tre gli angoli acuti si dice **acutangolo**. Se invece il triangolo ha un angolo ottuso e due acuti si dice **ottusangolo**. Infine, un triangolo con un angolo retto e due acuti si chiama **rettangolo**. Nel triangolo rettangolo i lati che formano l'angolo retto si chiamano **cateti**, mentre il lato opposto all'angolo retto si chiama **ipotenusa**.

## 5.4 Problema svolto

Dato il triangolo $ABC$ prolunga il lato $AB$ oltre $B$; sia $D$ un punto su questa semiretta esterno ad $AB$. Traccia poi le bisettrici degli angoli $C\hat{A}B$ e $C\hat{B}D$, che si incontrano in $E$. Dimostra che il triangolo $ABE$ è sempre ottusangolo.

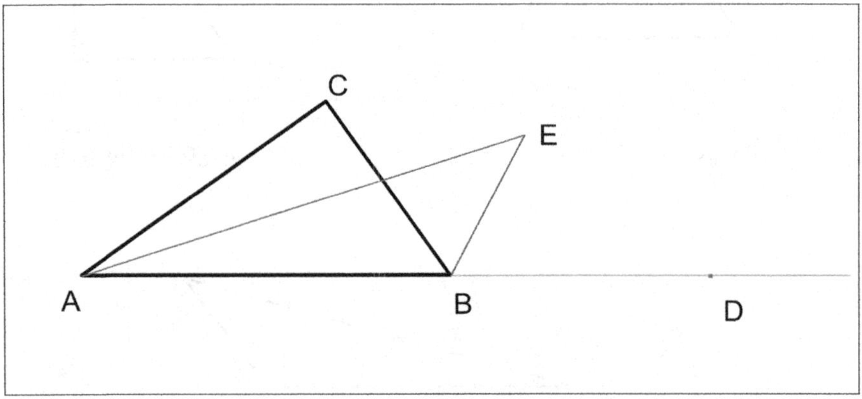


**Dimostrazione**

Osserviamo che l'angolo esterno $C\hat{B}D$ è sempre minore di un angolo piatto, pertanto la sua metà$E\hat{B}D$ è sempre minore di un angolo retto. Ora, l'angolo $A\hat{B}E$ è supplementare di $E\hat{B}D$ e quindi è un angolo ottuso. Se infatti la somma di due angoli è uguale ad un angolo piatto e il primo dei due è minore di un angolo retto, il secondo sarà necessariamente maggiore di un angolo retto.

Scriviamo i punti della dimostrazione:

**Ipotesi**: $ABC$ triangolo, $C\hat{B}D$ angolo esterno, $C\hat{A}E = E\hat{A}B$, $C\hat{B}E = E\hat{B}D$

1. $C\hat{B}D < \pi$ (costruzione)
2. $E\hat{B}D < \frac{\pi}{2}$ (1)
3. $A\hat{B}E + E\hat{B}D = \pi$ (costruzione)

4. **Tesi:** $A\hat{B}E > \frac{\pi}{2}$ (2, 3)

## 5.5 Verifiche di comprensione

1. Che cosa sono gli angoli esterni in un triangolo?
2. Enuncia ipotesi e tesi del teorema dell'angolo esterno.
3. Come si trova il punto medio di un segmento con riga e compasso?
4. Esegui la costruzione geometrica necessaria per la dimostrazione del teorema dell'angolo esterno.
5. Cosa dice il secondo postulato?
6. Dove si applica il secondo postulato nella dimostrazione del teorema dell'angolo esterno?
7. Enuncia il primo criterio di uguaglianza dei triangoli.
8. Cosa dice l'ottava nozione comune?
9. Dove si applica l'ottava nozione comune nella dimostrazione del teorema dell'angolo esterno?
10. Dimostra il teorema dell'angolo esterno.
11. Enuncia e dimostra i tre corollari del teorema dell'angolo esterno.
12. Quando è che un triangolo si definisce *acutangolo*?
13. Quando è che un triangolo si definisce *ottusangolo*?
14. Quando è che un triangolo si definisce *rettangolo*?
15. Come vengono chiamati i lati in un triangolo rettangolo?

## 5.6 Problemi

1. Sulla base $AB$ del triangolo isoscele $ABC$ prendi un punto $D$ qualsiasi. Dimostra che l'angolo $C\hat{D}B$ è maggiore dell'angolo $C\hat{B}A$.
2. È dato un triangolo isoscele $ABC$ di base $AB$. Sul prolungamento di $AB$ dalla parte di $A$ prendi un punto

$D$ qualsiasi. Dimostra che l'angolo $C\hat{D}A$ è minore dell'angolo $C\hat{B}A$

3. Dimostra che i quattro triangoli in cui un quadrilatero qualsiasi viene diviso dalle sue diagonali non possono essere tutti acutangoli.
4. Dimostra – senza fare ricorso ai primi due corollari del teorema dell'angolo esterno – che: dato un triangolo $ABC$ in cui l'angolo in $B$ è ottuso, si ha $\hat{A} < \hat{B}$.
5. È data un retta $r$, un punto $A$ non giacente su di essa e cinque punti $B$, $C$, $D$, $E$ ed $F$ posti in successione sulla retta. Dimostra che $A\hat{B}C < A\hat{E}F$.
6. È dato un quadrilatero $ABCD$; sia $E$ un punto sul prolungamento di $BC$ dalla parte di $B$ e $F$ un punto sul prolungamento di $CD$ dalla parte di $D$. Dimostra che l'angolo interno $B\hat{C}D$ è minore della somma dei due angoli esterni $A\hat{B}E + A\hat{D}F$.

LEZIONE 6

# IL SECONDO CRITERIO DI UGUAGLIANZA DEI TRIANGOLI

## 6.1 Uguaglianza di triangoli con un lato e due angoli uguali

Il criterio in base al quale due triangoli aventi uguali due angoli e il lato compreso sono uguali viene dimostrato nei moderni corsi di geometria per secondo utilizzando – come per il primo criterio – il movimento rigido. Inoltre, si introduce anche un "secondo criterio generalizzato" che ha come ipotesi il fatto che i due angoli non siano necessariamente adiacenti al lato, in modo che sono uguali due triangoli aventi uguali due angoli e un qualsiasi lato. Per la dimostrazione del secondo criterio generalizzato ci si riferisce a un teorema (che vedremo più avanti) secondo cui la somma degli angoli interni di un triangolo è uguale ad un angolo piatto (cosicché se due angoli del primo triangolo sono uguali a due angoli del secondo, anche i terzi angoli saranno necessariamente uguali per differenza). Poiché nella dimostrazione di quel teorema si fa uso del quinto postulato, si potrebbe ritenere che il secondo criterio generalizzato sia un risultato che – al pari di molti altri teoremi, come ad esempio il teorema di Pitagora – dipenda direttamente dal quinto postulato. Se però andiamo a vedere la dimostrazione della proposizione 26 del primo libro degli *Elementi* (cioè il criterio di uguaglianza per i triangoli con un lato e due angoli uguali) scopriamo che i due casi – angoli adiacenti e non adiacenti al lato – vengono trattati contestualmente, e che per dimostrare il criterio quando il lato non è compreso viene fatto uso solo del teorema dell'angolo esterno, e non vi è quindi alcuna dipendenza logica diretta dal quinto postulato. Inoltre, nella dimostrazione del criterio non si fa uso del movimento rigido.

Veniamo quindi all'enunciato del teorema:

> **Se due triangoli hanno due angoli uguali rispettivamente a due angoli ed un lato uguale ad un lato, o quello adiacente agli angoli uguali o quello che è opposto a uno degli angoli uguali, essi avranno anche i lati rimanenti uguali rispettivamente ai lati rimanenti, e l'angolo rimanente uguale all'angolo rimanente**

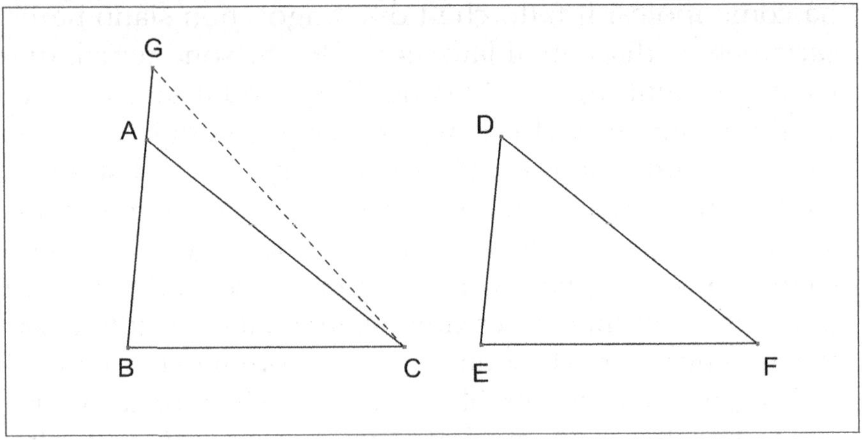


Figura 11: Uguaglianza di due triangoli aventi uguali una coppia di angoli e il lato compreso

Suddividiamo la dimostrazione in due parti, a seconda che il lato sia compreso o meno tra gli angoli. Consideriamo dapprima il caso in cui il lato è compreso tra i due angoli. Con riferimento alla figura 11, siano *ABC* e *DEF* due triangoli tali che $BC = EF$, l'angolo in $B$ uguale a quello in $E$, e l'angolo in $C$ uguale a quello in $F$. Procediamo per assurdo e supponiamo che $AB$ sia diverso da $DE$. Ad esempio sia $AB < DE$, potremo allora prendere sul prolungamento del lato $AB$ dalla parte di $A$ un punto $G$ tale che $BG = DE$. I due triangoli $GBC$ e $DEF$ risultano allora uguali per il primo criterio, avendo uguali due lati e l'angolo compreso; pertanto $G\hat{C}B = D\hat{F}E$ in quanto elementi corrispondenti in triangoli uguali. D'altra parte è anche $D\hat{F}E = A\hat{C}B$ per ipotesi e quindi $G\hat{C}B = A\hat{C}B$. Ma questo non può essere poiché $A\hat{C}B$ è contenuto in $G\hat{C}B$. In maniera analoga possiamo mostrare che non può essere neanche $AB > DE$, quindi dovrà essere $AB = DE$. A questo punto però, essendo anche $BC = EF$ e $A\hat{B}C = D\hat{E}F$ per ipotesi, si ricade nelle ipotesi del primo criterio; i due triangoli sono quindi uguali.

Formalizziamo i passaggi della dimostrazione:

**Ipotesi**: con riferimento alla figura 11, $BC = EF$, $A\hat{B}C = D\hat{E}F$, $A\hat{C}B = D\hat{F}E$

1. negando la tesi, $AB < DE$, e quindi $BG = DE$ con $G$ diverso da $A$
2. i triangoli $GBC$ e $DEF$ sono uguali (primo criterio, ipotesi, 1)
3. $G\hat{C}B = D\hat{F}E$ (E.C.T.U., 2)
4. $D\hat{F}E = A\hat{C}B$ (ipotesi)
5. $G\hat{C}B = A\hat{C}B$ (nozione comune I, 3, 4)
6. $G\hat{C}B > A\hat{C}B$ (nozione comune VIII, 1)
7. contraddizione (5, 6)
8. $AB = DE$ (7)
9. **Tesi**: i triangoli $ABC$ e $DEF$ sono uguali (primo criterio, ipotesi, 8)

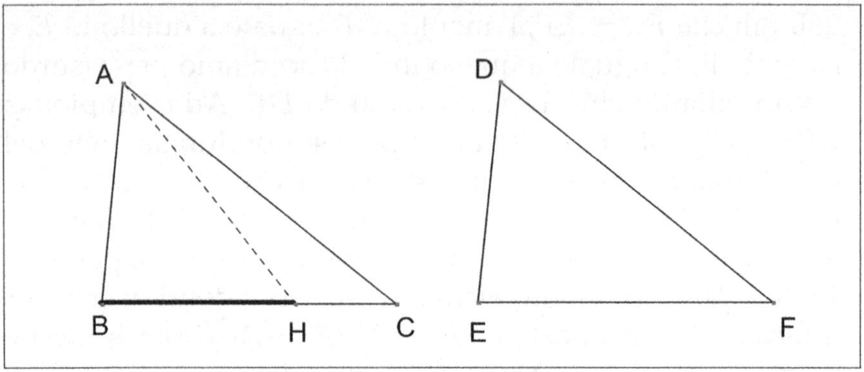


Figura 12: Uguaglianza di due triangoli aventi uguali una coppia di angoli e uno dei lati non compresi

Consideriamo ora il caso in cui i due triangoli abbiano uguali due angoli e uno dei lati non compresi tra essi. Riferendoci alla figura 12 siano ancora gli angoli in $B$ e $C$ nel primo triangolo uguali rispettivamente agli angoli in $E$ ed $F$ nel secondo, ma adesso avremo $AB = DE$. Anche in questo caso procediamo per assurdo e supponiamo che $BC$ ed $EF$ non siano uguali, ad esempio sia $BC > EF$. Potremo allora individuare un punto $H$ sul segmento $BC$ tale che $BH = EF$. I due triangoli $ABH$ e $DEF$ sono uguali per il primo criterio, infatti oltre ad avere $BH = EF$, hanno anche $AB = DE$ e $A\hat{B}H = D\hat{E}F$ per ipotesi. Pertanto $A\hat{H}B = D\hat{F}E$. Ora, osserviamo che anche $A\hat{C}H = D\hat{F}E$ per ipotesi, e quindi $A\hat{C}H = A\hat{H}B$. Questo però comporta una contraddizione con il teorema dell'angolo esterno, perché $A\hat{H}B$ e $A\hat{C}H$ sono rispettivamente l'angolo esterno e uno degli angoli interni ad esso non adiacenti nel triangolo $AHC$. Non potendo neanche essere (per un analogo argomento) $BC < EF$, dovrà dunque aversi $BC = EF$. A questo punto si ricade nelle ipotesi del primo criterio (in quanto è anche $AB = DE$

e $A\hat{B}C = D\hat{E}F$ per ipotesi), e possiamo quindi affermare che i due triangoli sono uguali.

Formalizziamo anche i passaggi di questa seconda parte della dimostrazione:

**Ipotesi**: con riferimento alla figura 12, $AB = DE$, $A\hat{B}C = D\hat{E}F$, $A\hat{C}B = D\hat{F}E$

1. negando la tesi, $BC > EF$, e quindi $BH = EF$ con $H$ diverso da $C$
2. i triangoli $ABH$ e $DEF$ sono uguali (primo criterio, ipotesi, 1)
3. $A\hat{H}B = D\hat{F}E$ (E.C.T.U., 2)
4. $A\hat{C}H = D\hat{F}E$ (ipotesi)
5. $A\hat{C}H = A\hat{H}B$ (nozione comune I, 3, 4)
6. $A\hat{C}H < A\hat{H}B$ (teorema dell'angolo esterno)
7. contraddizione (5, 6)
8. $BC = EF$ (7)
9. **Tesi**: i triangoli $ABC$ e $DEF$ sono uguali (primo criterio, ipotesi, 8).

## 6.2 Verifiche di comprensione

1. Che cosa asserisce quello che è comunemente noto come "secondo criterio di uguaglianza dei triangoli"?
2. Come viene usualmente dimostrato nei testi moderni il secondo criterio di uguaglianza dei triangoli?
3. Che cosa asserisce il secondo criterio generalizzato?
4. Come viene usualmente dimostrato nei testi moderni il secondo criterio generalizzato?
5. Quali sono le più importanti caratteristiche della dimostrazione originale di Euclide del criterio di uguaglianza dei triangoli con due coppie di angoli e una coppia di lati uguali?
6. Enuncia e dimostra la proposizione 26 del primo libro degli *Elementi*.

## 6.3 Problemi

1. Dimostra che in un triangolo isoscele le bisettrici degli angoli alla base sono uguali.
2. Dimostra che due triangoli isosceli aventi uguali la base e uno degli angoli alla base sono uguali tra loro.
3. Dimostra che in due triangoli uguali le bisettrici di due angoli corrispondenti sono uguali.
4. Dimostra che in due triangoli uguali le altezze relative a due lati corrispondenti sono uguali.
5. Dimostra che se due triangoli hanno uguali due angoli e la bisettrice di uno di tali angoli, allora sono uguali.
6. Dimostra che in un triangolo isoscele le altezze relative ai lati obliqui sono uguali (considera separatamente il caso di triangolo acutangolo e triangolo ottusangolo).
7. Sono dati due triangoli scaleni uguali: $ABC$ e $DEF$ (in modo che $AB = DE$, $BC = EF$ e $CA = FD$). Siano $G$ ed $H$ due punti sui prolungamenti dei lati $AB$ e $DE$ dalla parte di $B$ ed $E$ rispettivamente. Sia poi $I$ il punto di incontro tra la bisettrice dell'angolo $C\hat{B}G$ e la retta del lato $AC$ e $J$ il punto di incontro tra la bisettrice dell'angolo $F\hat{E}H$ e la retta del lato $DF$. Dimostra che i triangoli $CBI$ e $FEJ$ sono uguali (considera separatamente il caso in cui $I$ si trova dalla parte di $C$ e $J$ dalla parte di $F$, e quello in cui $I$ si trova dalla parte di $A$ e $J$ dalla parte di $D$).
8. Nel triangolo $ABC$, isoscele sulla base $AB$ e con gli angoli alla base maggiori di $60°$, traccia la bisettrice dell'angolo in $A$ che incontra il lato $BC$ in $D$. Per il punto $D$ traccia una retta $r$ che incontra il lato $AC$ in $E$ ed il prolungamento del lato $AB$ in $F$ in modo tale che $A\hat{D}B = A\hat{D}E$. Dimostra che $BF = EC$ (*Suggerimento: considera prima la coppia di triangoli ABD e ADE, e poi i triangoli BDF e EDC...*).

9. Nel triangolo $ABC$ la bisettrice dell'angolo in $C$ incontra il lato $AB$ nel punto $D$. Dimostra che se $A\hat{D}C = B\hat{D}C$ allora il triangolo è isoscele.
10. Dato un segmento $AB$ considera due segmenti $AC$ e $BD$ giacenti da parti opposte rispetto ad $AB$ e tali che $C\hat{A}B = A\hat{B}D$ Prendi poi un punto $E$ su $AC$ e un punto $F$ su $BD$ tali che $AE = BF$. Sia infine $M$ il punto in cui $EF$ taglia $AB$. Dimostra che $AM = MB$.
11. Dimostra che due triangoli aventi uguali: un lato, un angolo adiacente a tale lato, la bisettrice di tale angolo, sono uguali tra loro.
12. Sia $M$ il punto medio della base $BC$ del triangolo isoscele $ABC$; siano inoltre $MH$ e $MK$ le altezze dei triangoli $AMB$ e $ACM$ rispettivamente. Dimostra che $MH = MK$.

LEZIONE 7

# LA DISUGUAGLIANZA TRIANGOLARE

## 7.1 Relazioni tra i lati e gli angoli in un triangolo

Le proposizioni 18, 19 e 20 del primo libro degli *Elementi* rappresentano un importante gruppo di risultati su alcune proprietà del triangolo espresse in forma di disuguaglianze. Le prime due di tali proposizioni possono essere collegate al teorema del triangolo isoscele e al suo inverso. Sappiamo infatti che in un triangolo due angoli sono uguali se anche i lati opposti ad essi sono uguali. Otteniamo una formulazione equivalente del teorema scambiando l'ipotesi con la tesi, dopo averle negate entrambe (ricordiamo che l'implicazione $p \Rightarrow q$ è equivalente a $\bar{q} \Rightarrow \bar{p}$): se in un triangolo due angoli sono disuguali anche i lati opposti ad essi lo sono. Ora, il fatto che i due lati siano disuguali significa che uno sarà maggiore dell'altro, ma il teorema del triangolo isoscele non ci permette di stabilire qual è il lato più lungo; la proposizione 19 risponde proprio a questa domanda.

In maniera analoga il teorema inverso del triangolo isoscele implica che se due lati di un triangolo sono disuguali anche gli angoli ad essi opposti lo sono. Di nuovo, non abbiamo modo di stabilire quale dei due angoli sia maggiore, cosa che invece è possibile applicando la proposizione 18.

Infine, la proposizione 20 stabilisce una relazione tra i lati di un triangolo che per la sua generalità e potenzialità ha trovato molte applicazioni in vari campi della geometria e della fisica.

## 7.2 Triangolo con una coppia di lati disuguali

Il primo risultato che prendiamo in considerazione (proposizione 18 del primo libro degli *Elementi*) riguarda i triangoli con almeno due lati disuguali (quindi ogni triangolo a parte quello equilatero) e stabilisce che tra gli angoli opposti vale la stessa relazione. L'enunciato esatto del teorema è:

> **In ogni triangolo, a lato maggiore è opposto angolo maggiore**

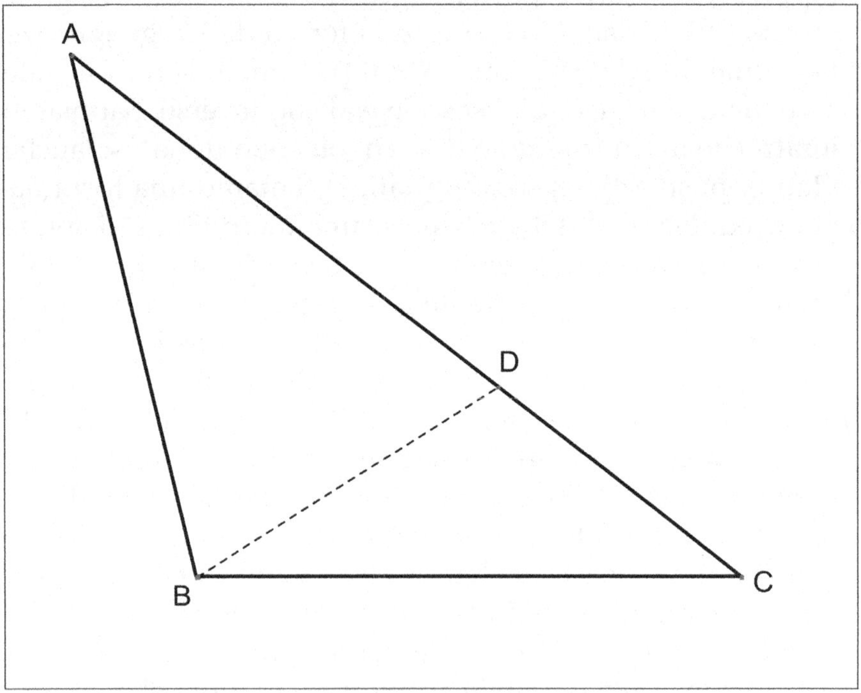


Figura 13: Triangolo con una coppia di lati disuguali

Per la dimostrazione facciamo riferimento alla figura 13. Supponiamo che i due lati disuguali siano $AB$ e $AC$ e che in particolare sia $AB < AC$.

Potremo allora prendere un punto $D$ sul lato $AC$ tale che $AB = AD$. Consideriamo ora il triangolo $BCD$; applicando ad esso il teorema dell'angolo esterno otteniamo che $B\hat{D}A > B\hat{C}D$ (infatti $B\hat{D}A$ è l'angolo esterno adiacente a $B\hat{D}C$).

Poiché il triangolo $ABD$ è isoscele, avremo che $B\hat{D}A = A\hat{B}D$. Inoltre, vale anche la disuguaglianza $A\hat{B}D < A\hat{B}C$ in quanto il primo angolo è interamente contenuto nel secondo. Riassumendo, possiamo scrivere la seguente catena di uguaglianze/disuguaglianze: $A\hat{C}B < A\hat{D}B = A\hat{B}D < A\hat{B}C$, in cui la prima relazione (disuguaglianza) è una conseguenza del teorema dell'angolo esterno, la seconda relazione (uguaglianza) deriva dal teorema diretto del triangolo isoscele e la terza relazione (disuguaglianza) discende all'ottava nozione comune. Formalizziamo i passaggi della dimostrazione:

**Ipotesi**: nel triangolo $ABC$ si ha $AB < AC$ (figura 13).

1. si sceglie un punto $D$ sul lato $AC$ tale che $AB = AD$. (ipotesi)
2. $B\hat{D}A > A\hat{C}B$ (teorema angolo esterno, ipotesi)
3. $B\hat{D}A = A\hat{B}D$ (teorema triangolo isoscele, 1)
4. $A\hat{B}D < A\hat{B}C$ (VIII nozione comune, 1)
5. **Tesi**: $A\hat{C}B < A\hat{B}C$ (2, 3, 4)

## 7.3 Triangolo con una coppia di angoli disuguali

La proposizione inversa di quella appena dimostrata è la numero 19 del primo libro, e recita:

**In ogni triangolo, ad angolo maggiore è opposto lato maggiore**

Per la dimostrazione – che procede per assurdo – facciamo ancora riferimento alla figura 13. Sia dunque $A\hat{C}B <$

$A\hat{B}C$ per ipotesi e supponiamo per assurdo che il lato $AB$ non sia minore del lato $AC$. Possono dunque aversi due casi. Primo caso: $AB = AC$; in tal caso il teorema del triangolo isoscele stabilirebbe che $A\hat{C}B = A\hat{B}C$, contro l'ipotesi. Secondo caso: $AB > AC$; ma allora il teorema sul triangolo con una coppia di lati disuguali (proposizione I, 18) imporrebbe che $A\hat{C}B > A\hat{B}C$, e anche questo è contro l'ipotesi. Non potendo quindi $AB$ essere né uguale a né maggiore di $AC$, non rimane che $AB < AC$, che è la nostra tesi. Formalizziamo i passaggi della dimostrazione:

**Ipotesi**: nel triangolo $ABC$ si ha $A\hat{C}B < A\hat{B}C$.

1. $AB$ non minore di $AC$ (tesi negata)
2. $AB = AC$ (1)
3. $A\hat{C}B = A\hat{B}C$ (teorema triangolo isoscele, 2)
4. $AB > AC$ (1)
5. $A\hat{C}B > A\hat{B}C$ (teor. triangolo con una coppia di lati disuguali, 4)
6. contraddizione (ipotesi, 3, 5)
7. **Tesi**: $AB < AC$ (1, 6)

## 7.4 La disuguaglianza triangolare

Una delle proposizioni più importanti di tutti gli *Elementi* è senza dubbio la ventesima del primo libro, universalmente nota come *disuguaglianza triangolare*. Essa esprime la proprietà che un lato di un triangolo è sempre minore della somma degli altri due. Detto in altri termini, il segmento di retta è la linea più breve che unisce due punti (almeno se confrontato con gli altri possibili percorsi formati da una successione di tratti rettilinei). La proprietà è estremamente intuitiva, tanto che Proclo – uno degli antichi commentatori di Euclide – osserva che la proposizione I, 20 è nota anche agli asini: se infatti si pone del foraggio a un vertice di un triangolo e un asino affamato su un altro vertice, l'asino percorrerà un solo lato e non due per raggiungere il cibo. Nella matematica moderna questo risultato è stato generalizzato anche a contesti molto lontani dalla geometria sintetica.

Veniamo quindi all'enunciato e alla dimostrazione di questo importante teorema:

> **In ogni triangolo la somma di due lati, comunque presi, è maggiore del lato rimanente**

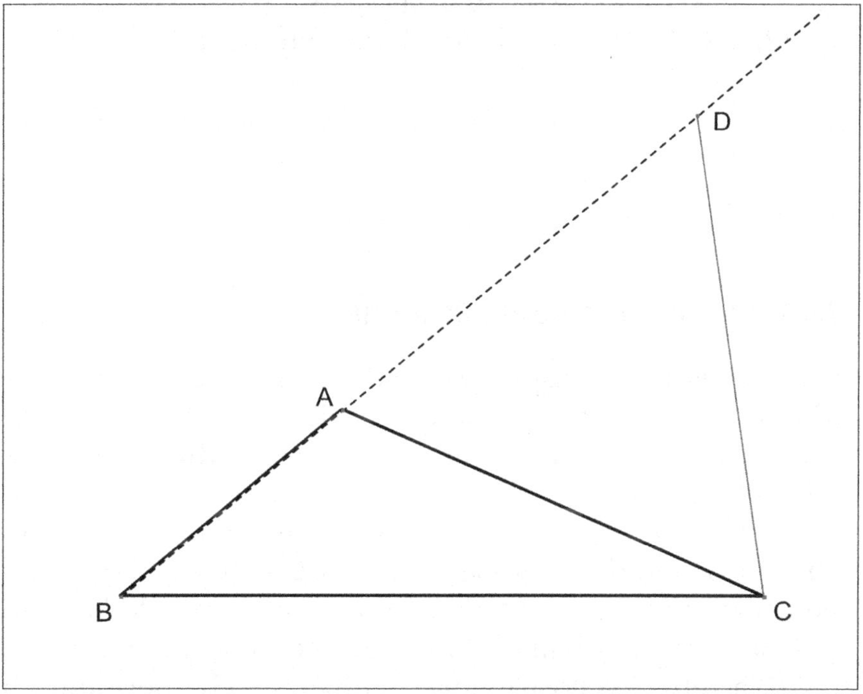


Figura 14: La disuguaglianza triangolare

Per la dimostrazione facciamo riferimento alla figura 14. Sia *ABC* un triangolo. Prolunghiamo il lato *BA* oltre *A* di un tratto $AD = AC$. Osserviamo poi che il triangolo $ADC$ che si è venuto a formare è isoscele, pertanto $B\hat{D}C = D\hat{C}A$. Inoltre l'angolo $D\hat{C}A$ è più piccolo di $D\hat{C}B$, essendone una parte. Quindi, nel triangolo $DBC$ vale la relazione $B\hat{D}C < D\hat{C}B$, e poiché ad angolo maggiore sta opposto lato maggiore, sarà anche $BC < BD$, ma $BD = BA + AD = BA + AC$ per costruzione, da cui segue la tesi: $BC < AB + AC$.

Formalizziamo i passaggi della dimostrazione:

**Ipotesi**: la costruzione di figura 14 ($AD = AC$)
1. $B\hat{D}C = D\hat{C}A$ (teorema triangolo isoscele, ipotesi)
2. $D\hat{C}B = D\hat{C}A + A\hat{C}B$ (ipotesi)
3. $D\hat{C}B > D\hat{C}A$ (VIII nozione comune, 2)
4. $D\hat{C}B > B\hat{D}C$ (3, 1)
5. $BD > BC$ (teorema triangoli con gli angoli disuguali, 4)
6. **Tesi**: $BC < AB + AC$ (5, ipotesi)

### 7.4.1 Una importante applicazione

Come esempio di applicazione del teorema della disuguaglianza triangolare, vediamo un celebre problema che ha una particolare rilevanza anche in contesti differenti dalla geometria.

La domanda che ci poniamo è: data una retta e due punti che si trovano dalla stessa parte rispetto ad essa, qual è il percorso più breve che unisce i due punti toccando la retta?

Con riferimento alla figura 15, siano $P$ e $Q$ i due punti e $AB$ la retta. La costruzione geometrica che permette di risolvere il problema è la seguente: dal punto $Q$ tracciamo la perpendicolare ad $AB$ che incontra tale retta in $M$; su questa retta prendiamo il punto $R$ da parte opposta rispetto a $Q$ e tale che $QM = MR$. Uniamo poi $P$ con $R$; il segmento $PR$

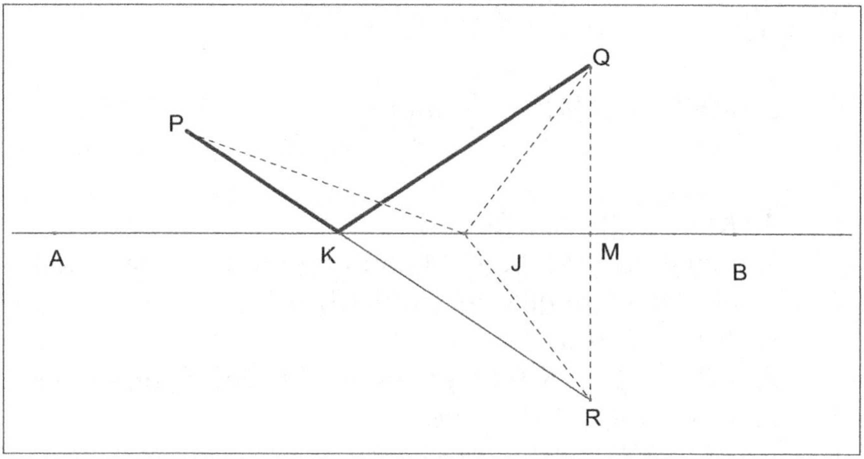


Figura 15: Un problema di percorso minimo

incontra la retta $AB$ in $K$, che è proprio il punto che stiamo cercando. Ciò significa che – preso un qualsiasi punto $J$ su $AB$ diverso da $K$ – vale la disuguaglianza: $PK + KQ < PJ + JQ$.

Per dimostrare questo risultato prendiamo in considerazione i triangoli $KMQ$ e $KRM$. Essi sono uguali in virtù del primo criterio in quanto hanno: $KM$ in comune, $QM = MR$ per ipotesi e $K\hat{M}Q = K\hat{M}R = \frac{\pi}{2}$ ancora per ipotesi (ricordiamo che con $\pi$ si indica l'angolo piatto). Dunque, $KQ = KR$ (elementi corrispondenti in triangoli uguali). Analogamente – prendendo in considerazione i triangoli $QJM$ e $JMR$ – possiamo dire che $JQ = JR$. Se applichiamo la disuguaglianza triangolare al triangolo $PRJ$ otteniamo $PR < PJ + JR$, ma $PR = PK + KR$, ed essendo $JQ = JR$ e $KQ = KR$, si ha infine che: $PK + KQ < PJ + JQ$.

Formalizziamo i passaggi della dimostrazione:

**Ipotesi**: la costruzione di figura 15

1. $QM = MR$ (ipotesi)
2. $K\hat{M}Q = K\hat{M}R = \frac{\pi}{2}$ (ipotesi)
3. i triangoli *KMQ* e *KRM* sono uguali (primo criterio, 1, 2)
4. $KQ = KR$ (E.C.T.U., 3)
5. i triangoli *JMQ* e *JRM* sono uguali (dimostrazione analoga a quella del punto 3)
6. $JQ = JR$ (E.C.T.U., 5)
7. $PR < PJ + JR$ (disuguaglianza triangolare, ipotesi)
8. $PR = PK + KR$ (ipotesi)
9. $PK + KR < PJ + JR$ (7, 8)
10. **Tesi**: $PK + KQ < PJ + JQ$ (4, 6, 9)

Il risultato che abbiamo appena dimostrato riveste molta importanza in diversi contesti della fisica. Se ad esempio *P* è una sorgente luminosa, *Q* un osservatore e *AB* uno specchio, *PKQ* è proprio il percorso che segue un raggio di luce. È questa una conseguenza di un principio più generale secondo cui tra tutti i possibili percorsi la luce segue sempre quello che corrisponde a un tempo di propagazione minimo (osserviamo per inciso che in questo modo si giustifica anche la nota legge della riflessione per cui gli angoli $P\hat{K}A$ e $Q\hat{K}B$ sono uguali). Anche il rimbalzo di una pallina contro una parete segue la stessa legge (come sanno bene i giocatori di biliardo).

## 7.5 Verifiche di comprensione

1. Enuncia il teorema inverso del triangolo isoscele in forma negativa.
2. Enuncia e dimostra la proposizione 18 del primo libro degli *Elementi*
3. Enuncia il teorema del triangolo isoscele in forma negativa.
4. Enuncia e dimostra la proposizione 19 del primo libro degli *Elementi*
5. Che cosa asserisce la disuguaglianza triangolare?
6. Come si può esprimere la disuguaglianza triangolare in termini di percorso più breve tra due punti?
7. Enuncia e dimostra il teorema della disuguaglianza triangolare (prop. I, 20).
8. Enuncia il problema del minimo percorso tra due punti toccando una retta data.
9. Illustra la costruzione geometrica che risolve il problema del minimo percorso tra due punti toccando una retta data.
10. Dimostra che la costruzione geometrica di cui al precedente punto risolve effettivamente il problema assegnato.
11. Quale importante fenomeno ottico è descritto dalla costruzione geometrica vista sopra?
12. Quale importante fenomeno meccanico è descritto dalla costruzione geometrica vista sopra?

## 7.6 Problemi

1. Dimostra che in un qualsiasi triangolo un lato è sempre maggiore della differenza tra gli altri due.
2. Dimostra che in un triangolo rettangolo l'ipotenusa è sempre maggiore di ognuno dei cateti

3. Dimostra che in triangolo qualsiasi il perimetro è sempre maggiore della somma delle tre altezze. (*Suggerimento: sfrutta il risultato dimostrato nel precedente problema...*)
4. Nel triangolo $ABC$ sia $D$ un qualsiasi punto del lato $AB$. Dimostra che $CD$ è minore della metà del perimetro del triangolo.
5. In un triangolo $ABC$ sia $M$ il punto medio del lato $AB$. Dimostra che la mediana $CM$ è minore della metà della somma tra $AC$ e $BC$. (*Suggerimento: prolunga la mediana di un tratto* $MD = CM$*...*)
6. Sia $ABC$ un triangolo isoscele di base $AB$ e sia $D$ un punto qualsiasi della base. Dimostra che $CD$ è minore dei lati.
7. Sia $ABC$ un triangolo isoscele di base $AB$ e sia $D$ un punto qualsiasi sul prolungamento della base, esterno al triangolo. Dimostra che $CD$ è maggiore dei lati.
8. Nel triangolo $ABC$ sia $M$ il punto medio di $AB$. Sapendo che $CM > MB$, dimostra che $A\hat{C}B < C\hat{A}B + A\hat{B}C$.
9. Dimostra che in un quadrilatero un lato è sempre minore della somma degli altri tre.
10. Due punti $P$ e $Q$ sono interni a un angolo retto. Qual è il più breve percorso per andare da $P$ a $Q$ toccando entrambi i lati dell'angolo?

LEZIONE 8

# LA QUESTIONE DELLE PARALLELE

## 8.1 Il criterio diretto di parallelismo

La definizione di "rette parallele" è: rette che prolungate indefinitamente non si incontrano (definizione XXIII). Ora, neanche in linea di principio è possibile stabilire il parallelismo di due rette applicando direttamente questa definizione, e il motivo di tale impossibilità è tutto nell'avverbio "indefinitamente". Dovremmo infatti poter considerare la retta nella sua attuale infinità, un'operazione che, come abbiamo avuto già modo di notare, non era permessa nella matematica greca.

La proposizione 27 del primo libro degli *Elementi* (e la sua generalizzazione, la proposizione 28) risolvono questo problema, fornendo un criterio che sia operativamente utilizzabile per stabilire il parallelismo tra due rette. Con riferimento alla figura 16, in cui si hanno due rette tagliate da una trasversale, definiamo *alterni interni* gli angoli della coppia $A\hat{P}Q$ $D\hat{Q}P$ e quelli della coppia $B\hat{P}Q$ $C\hat{Q}P$; inoltre sono *alterni esterni* gli angoli delle coppie $A\hat{P}E$ $D\hat{Q}F$ e $B\hat{P}E$ $C\hat{Q}F$; sono *corrispondenti* gli angoli delle coppie $A\hat{P}E$ $C\hat{Q}P$, $A\hat{P}Q$ $C\hat{Q}F$, $B\hat{P}E$ $D\hat{Q}P$, $B\hat{P}Q$ $D\hat{Q}F$; sono *coniugati interni* gli angoli delle coppie $B\hat{P}Q$ $D\hat{Q}P$ e $A\hat{P}Q$ $C\hat{Q}P$; sono infine *coniugati esterni* gli angoli delle coppie $B\hat{P}E$ $D\hat{Q}F$ e $A\hat{P}E$ $C\hat{Q}F$.

Il criterio di parallelismo stabilisce che due rette sono parallele se gli angoli alterni interni che si formano quando esse sono tagliate da una trasversale sono uguali. L'esatto enunciato della proposizione 27 è:

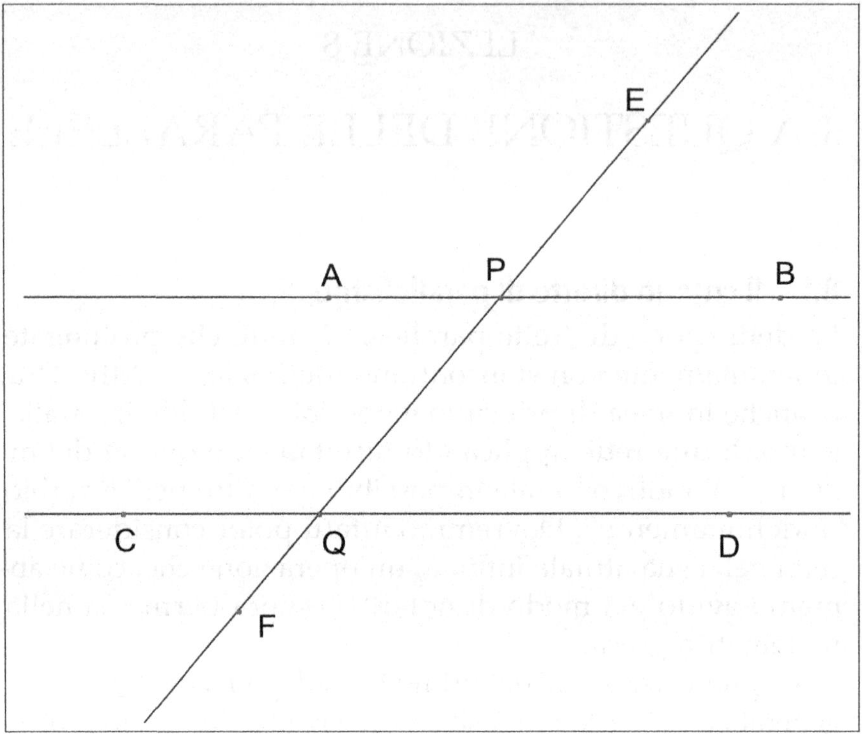


Figura 16: Criteri di parallelismo

**Se una retta che venga a cadere su altre due rette forma gli angoli alterni uguali fra loro, le due rette saranno fra loro parallele**

La dimostrazione procede per assurdo e sfrutta il teorema dell'angolo esterno. Supponiamo infatti che le due rette della figura 16 si incontrino in un ipotetico punto $K$ dalla parte di $B$ e $D$. Allora nel triangolo $PQK$ si avrebbe una violazione del teorema dell'angolo esterno, in quanto l'angolo esterno $C\hat{Q}P$ è uguale a – e quindi non maggiore di – l'angolo interno non adiacente $B\hat{P}Q$. Per lo stesso motivo il punto $K$ non può stare neanche dalla parte di $A$ e $C$. Formalizziamo i passaggi della dimostrazione:

**Ipotesi**: $B\hat{P}Q = C\hat{Q}P$ e $A\hat{P}Q = D\hat{Q}P$

1. le rette $AB$ e $CD$ si incontrano in un punto $K$ dalla parte di $B$ e $D$ (tesi negata)
2. le rette $AB$ e $CD$ si incontrano in un punto $K$ dalla parte di $A$ e $C$ (tesi negata)
3. $B\hat{P}Q < C\hat{Q}P$ (teorema dell'angolo esterno, 1)
4. $A\hat{P}Q < D\hat{Q}P$ (teorema dell'angolo esterno, 2)
5. contraddizione (3, ipotesi)
6. contraddizione (4, ipotesi)
7. **Tesi**: le rette $AB$ e $CD$ sono parallele

La proposizione 28 generalizza questo teorema al caso di angoli corrispondenti uguali o coniugati interni supplementari. La dimostrazione è una conseguenza diretta della proposizione 27 ed è lasciata per esercizio.

## 8.2 Il criterio inverso di parallelismo

Nello studio della geometria incontriamo molti teoremi che possono essere invertiti. Ad esempio si dimostra che in un triangolo isoscele gli angoli alla base sono uguali, ma anche che un triangolo avente due angoli uguali è isoscele. Ancora, si dimostra che in un triangolo a lato maggiore sta opposto angolo maggiore, ma anche che ad angolo maggiore sta opposto lato maggiore. Sembrerebbe quindi logico che anche il criterio di parallelismo potesse essere invertito. Tuttavia risulta che non è possibile effettuare tale dimostrazione utilizzando i primi quattro postulati e le prime 28 proposizioni del primo libro. Si aprono quindi due sole alternative: o rinunciare al criterio inverso o introdurlo "per forza", sotto forma di postulato. Seguendo Euclide scegliamo la seconda opzione. Il quinto postulato del primo libro degli *Elementi* non è altro che una maniera equivalente di enunciare il criterio inverso di parallelismo. L'enunciato della proposizione 29 è il seguente:

> **Una retta che cada su rette parallele forma gli angoli alterni uguali tra loro, l'angolo esterno uguale all'angolo interno ed opposto, ed angoli interni dalla stessa parte la cui somma è uguale a due retti**

In questo enunciato gli "angoli alterni" sono sia gli alterni interni che alterni esterni, "l'angolo esterno" e "l'angolo interno ed opposto" sono una coppia di angoli corrispondenti, gli "angoli interni dalla stessa parte" sono due angoli coniugati interni. La dimostrazione procede per assurdo. Facendo riferimento alla figura 16, supponiamo che $A\hat{P}Q$ sia diverso da $D\hat{Q}P$, ad esempio maggiore. Se sommiamo a entrambi lo stesso angolo $Q\hat{P}B$ otteniamo – secondo la IV nozione comune – che $D\hat{Q}P + Q\hat{P}B$ è minore di un angolo piatto, cosicché le due rette si incontrano dalla parte di $B$ e $D$ in accordo con il quinto postulato. Le relazioni su tutte le altre coppie di angoli seguono direttamente da quella sugli angoli alterni interni. Formalizziamo i passaggi della dimostrazione:

> **Ipotesi**: le rette $AB$ e $CD$ tagliate dalla trasversale $EF$ sono parallele
> 1. $A\hat{P}Q > D\hat{Q}P$ (tesi negata)
> 2. $D\hat{Q}P + Q\hat{P}B < A\hat{P}Q + Q\hat{P}B = \pi$ (IV noz. com., 1)
> 3. le rette $AB$ e $CD$ non sono parallele (V postulato, 2)
> 4. contraddizione (3, ipotesi)
> 5. **Tesi**: le rette $AB$ e $CD$ sono parallele (4)

## 8.3 Un'altra forma per il quinto postulato

Nei testi moderni di geometria il quinto postulato viene enunciato in una forma apparentemente molto diversa da quella che troviamo nel primo libro degli *Elementi*:

> **Data una retta e un punto esterno ad essa, esiste una e una sola retta passante per tale punto e parallela alla retta data**

Di fatto, i due enunciati sono equivalenti. Ciò significa che assumendo come ipotesi il quinto postulato si può dimostrare l'unicità della parallela e assumendo come ipotesi l'unicità della parallela si può dimostrare il quinto postulato.

### 8.3.1 Copiare un angolo

Per dimostrare che il quinto postulato implica l'unicità della parallela abbiamo bisogno di un lemma, e precisamente la costruzione geometrica dell'angolo che abbia come lato una semiretta assegnata, come vertice l'estremo di tale semiretta e che sia uguale a un angolo dato (proposizione 23 del primo libro degli *Elementi*).

Con riferimento alla figura 17, sia $UC$ la semiretta su cui copiare l'angolo formato dalle semirette $r$ ed $s$ che hanno in comune l'estremo $V$. Con apertura del compasso pari a $UC$ tracciamo un arco di circonferenza di centro $V$ che incontra $r$ ed $s$ in $A$ e $B$ rispettivamente; con la stessa apertura tracciamo la circonferenza di centro $U$. Apriamo poi il compasso di $AB$ e tracciamo la circonferenza di centro $C$ che incontra la circonferenza di centro $U$ e raggio $UC$ in due punti; sia $D$ uno di tali punti. Ora, è immediato vedere che i due triangoli $VAB$ e $UCD$ sono uguali in base al terzo criterio. Gli angoli $A\hat{V}B$ e $D\hat{U}C$ sono opposti ai lati

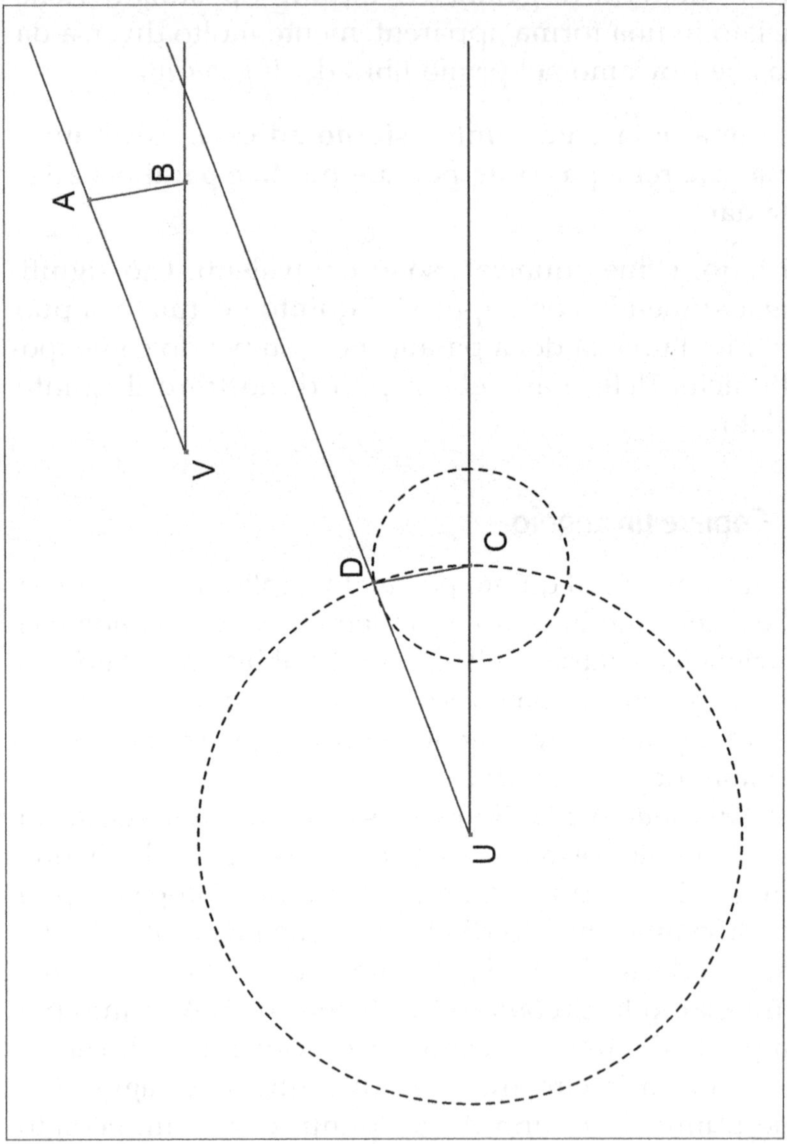


Figura 17: Copiare un angolo

corrispondenti $AB$ e $DC$ e sono pertanto uguali. Abbiamo così copiato l'angolo formato dalle semirette $r$ ed $s$ in modo che il vertice sia nel punto $U$ e uno dei lati la semiretta $UC$.

### 8.3.2 Dal quinto postulato all'unicità delle parallele

Veniamo quindi alla dimostrazione dell'equivalenza dei due enunciati del quinto postulato e iniziamo facendo vedere che la forma in cui esso viene presentato negli *Elementi* implica l'esistenza e unicità della parallela a una retta data passante per un punto ad essa esterno.

Facendo riferimento alla figura 18, sia dunque $CD$ una retta e $P$ un punto non giacente su di essa. Prendiamo su $CD$ un punto $Q$ qualsiasi e tracciamo la retta $QP$. Applicando la costruzione vista sopra per la copia di un angolo, costruiamo la retta $PB$ tale che $E\hat{P}B = P\hat{Q}D$; in base al criterio diretto di parallelismo le rette $PB$ e $QD$ sono parallele. Abbiamo così dimostrato che esiste almeno una retta parallela a una retta data passante per un punto esterno ad essa. Facciamo ora vedere che tale parallela è unica. A tale scopo, si tracci una qualsiasi retta $PB'$ non coincidente con $PB$. Ricordiamo che – per come abbiamo costruito la retta $PB$ – la somma di $P\hat{Q}D$ e $Q\hat{P}B$ è un angolo piatto; pertanto, essendo $Q\hat{P}B' < Q\hat{P}B$ in quanto interamente contenuto in esso, avremo che $P\hat{Q}D + Q\hat{P}B' < \pi$ e quindi, secondo l'enunciato del quinto postulato nella forma che troviamo negli *Elementi*, le rette $QD$ e $PB'$ non sono parallele.

Formalizziamo i passaggi di questa prima parte della dimostrazione:

> **Ipotesi**: *se una retta venendo a cadere su due rette forma gli angoli alterni e dalla stessa parte tali che la loro somma sia minore di due retti, le due rette prolungate illimitatamente*

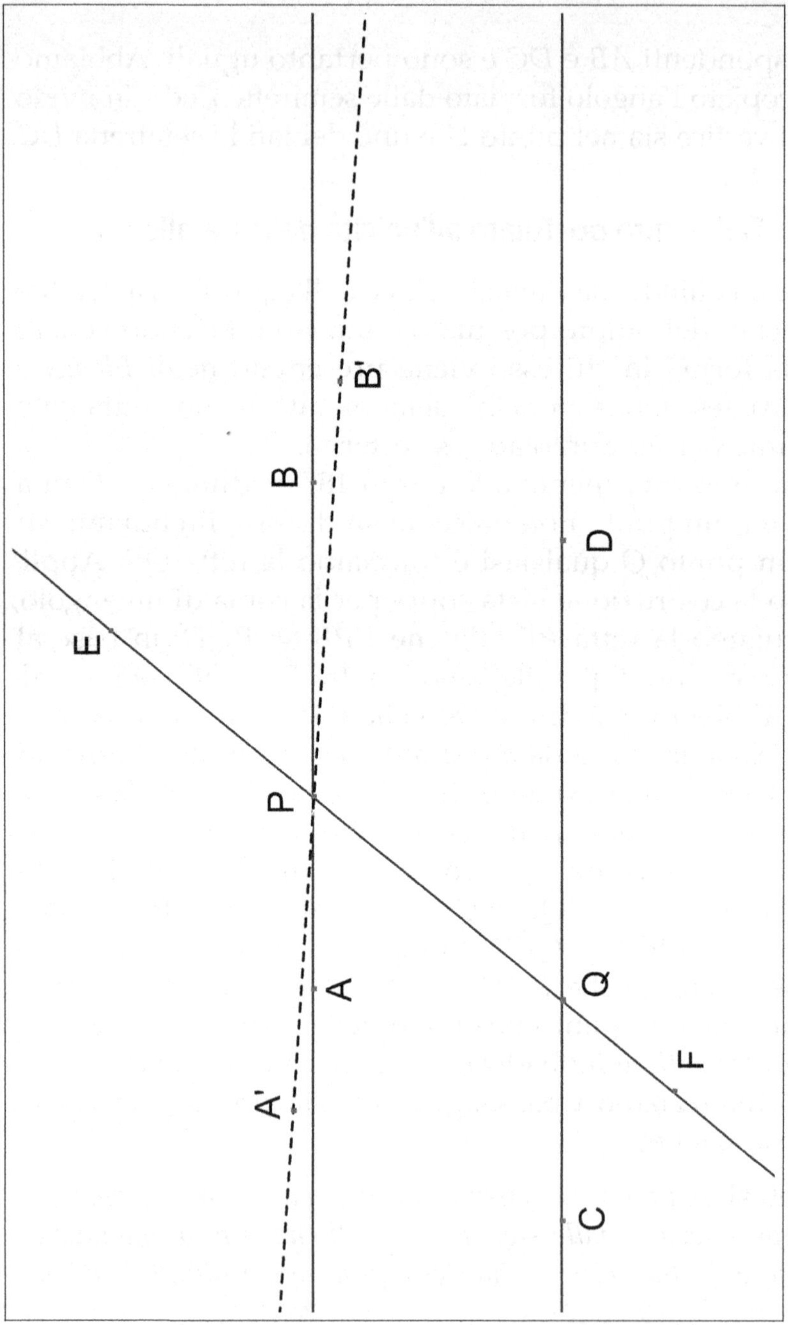


Figura 18: Equivalenza dei due enunciati del quinto postulato

*verranno ad incontrarsi da quella parte in cui sono gli angoli la cui somma è minore di due retti*, la costruzione di figura 18.

1. $E\hat{P}B = P\hat{Q}D$ (ipotesi, costruzione della copia di un angolo)
2. **Tesi (1)**: $PB$ e $QD$ sono parallele (criterio diretto di parallelismo, 1)
3. $P\hat{Q}D + Q\hat{P}B = \pi$ (1)
4. $Q\hat{P}B' < Q\hat{P}B$ (VIII nozione comune, ipotesi)
5. $P\hat{Q}D + Q\hat{P}B' < \pi$ (IV nozione comune, 3, 4)
6. **Tesi (2):** le rette $QD$ e $PB'$ non sono parallele (ipotesi, 5)

### 8.3.3 Dall'unicità delle parallele al quinto postulato

Passiamo ora a dimostrare che l'unicità della parallela a una retta data passante per un punto esterno ad essa implica il quinto postulato nella forma in cui esso è enunciato negli *Elementi*. Sempre con riferimento alla figura 18, costruiamo la retta $PB$ tale che $E\hat{P}B = P\hat{Q}D$ e tracciamo una retta $PB'$ tale che $P\hat{Q}D + Q\hat{P}B' < \pi$. Supponiamo per assurdo che le rette $QD$ e $PB'$ siano parallele. Ora, anche $PB$ è parallela a $QD$ in base al criterio diretto di parallelismo; avremmo dunque due parallele distinte ($PB$ e $PB'$) per lo stesso punto $P$ alla medesima retta $QD$, in contraddizione con il postulato dell'unicità della parallela che è la nostra ipotesi.

Formalizziamo i passaggi della seconda parte della dimostrazione:

**Ipotesi**: *data una retta e un punto esterno ad essa, esiste una e una sola retta passante per tale punto e parallela alla retta data*, la costruzione di figura 18

1. $E\hat{P}B = P\hat{Q}D$ (ipotesi, costruzione della copia di un

angolo)
2. *PB* e *QD* sono parallele (criterio diretto di parallelismo, 1)
3. le rette *QD* e *PB′* siano parallele (tesi negata)
4. *PB* e *PB′* sono due rette parallele a *QD* entrambe passanti per *P* (2, 3)
5. contraddizione (ipotesi, 4)
6. **Tesi**: *QD* e *PB′* non sono parallele (5)

## 8.4 I tentativi di dimostrazione del criterio inverso di parallelismo

È chiaro che la scelta di imporre il criterio inverso di parallelismo attraverso un postulato *ad hoc* non è molto soddisfacente dal punto di vista logico. Inoltre, questo teorema possiede anche un innegabile carattere intuitivo: sembra davvero ovvio che si possa sempre tracciare una retta (e non più di una) parallela a una retta data per un punto esterno. Infine, molti altri importanti teoremi (ad esempio il teorema di Pitagora) seguono dal criterio inverso di parallelismo. Per questo motivo fin dai tempi di Euclide e per molti secoli a seguire i matematici prima greci, poi arabi e infine europei, si cimentarono col problema di trovare una dimostrazione per il criterio inverso di parallelismo (o per il quinto postulato, che è lo stesso). Questi tentativi sembrano a prima vista corretti, ma in realtà non possono essere accettati perché nascondono tra le ipotesi ciò che vogliono dimostrare. Molte delle prove del quinto postulato assumono infatti che rette parallele siano rette che corrono a una distanza costante l'una dall'altra. Tuttavia la definizione di parallele non parla di distanza reciproca, ma solo di rette che non si incontrano. Anche se può sembrare impossibile che due rette che non mantengono una distanza costante l'una dall'altra possano non incontrarsi, da un punto di vista logico si tratta di due proprietà diverse. È possibile dimostrare che il parallelismo di due rette implica che esse corrano a distanza costante, ma in tale dimostrazione entra il criterio inverso, pertanto non si può utilizzare quella proprietà per dimostrare il quinto postulato.

L'ultimo importante tentativo di dimostrazione del quinto postulato è quello dell'italiano Gerolamo Saccheri, nella prima metà del XVIII secolo, il quale adottò una linea diversa da quella dei suoi predecessori. Pensava infatti Saccheri: invece di tentare una dimostrazione diretta del quinto postulato, proviamo a negarlo ed esploriamo le conseguenze di questa riformulazione delle basi della geometria; sicuramente ci imbatteremo presto o tardi in qualche contraddizione e ciò equivarrà a una dimostrazione per assurdo del quinto postulato.

## 8.5 Le geometrie non euclidee

Di fatto, anche il tentativo di Gerolamo Saccheri si rivela infruttuoso: infatti la contraddizione da lui cercata non arriva mai. Come è possibile ciò, se le proposizioni della geometria euclidea descrivono lo spazio "come esso è realmente"? La risposta è che bisogna abbandonare la concezione della geometria (e più in generale della matematica) come di una scienza che descrive la realtà. Questo compito è lasciato alle cosiddette scienze della natura, come la chimica o la fisica; la matematica è dunque solo un linguaggio mediante il quale descrivere il mondo e non la descrizione stessa. Detto in altri termini, un enunciato matematico non è vero o falso (cioè aderente o meno alla realtà), ma corretto o scorretto. È corretto quando dalle ipotesi seguono le conclusioni senza che vi siano contraddizioni, scorretto altrimenti. Le ipotesi iniziali però (quelle cioè che non sono tesi di nessun precedente teorema) non sono né vere né false, vengono semplicemente assunte come postulati; perciò si dice che la matematica è una scienza *ipotetico-deduttiva*.

Il primo a rendersi conto di questa possibilità fu il grande matematico tedesco Karl Friederich Gauss, che in una lettera del 1831 confida a un amico di "*...avere la certezza che la geometria non euclidea non ha in se stessa nulla di contraddittorio, benché a prima vista parecchi dei suoi risultati abbiano l'aria di paradossi.*" Con il termine "geometria non euclidea" Gauss intende un sistema di proposizioni costruito sugli stessi postulati di Euclide eccetto il quinto. Più o meno negli stessi anni di Gauss anche altri matematici si occuparono del problema, dimostrando molte relazioni e proprietà che sono valide in uno spazio non euclideo. Tra di essi i più importanti furono Nikolaj Lobaèevskij, i due Bolyai (padre e figlio), Franz Taurinus. Negli anni successivi molti altri importanti matematici si occuparono della questione.

Oggi noi non parliamo di geometria non euclidea (al singolare), ma piuttosto di geometrie non euclidee (al plurale). Vi sono infatti molti modi in cui negare il quinto postulato: per un punto esterno a una retta dato può essere tracciata nessuna o più di una retta parallela a una retta data.

## 8.6 Somma degli angoli interni di un triangolo

Una delle conseguenze più importanti del criterio inverso di parallelismo (e quindi del quinto postulato) è il fatto che la somma degli angoli interni in un qualsiasi triangolo sia uguale a un angolo piatto. Tale risultato viene dimostrato nella proposizione 32 del primo libro che recita:

**In ogni triangolo, se si prolunga uno dei lati, l'angolo esterno è uguale alla somma degli angoli interni ed opposti, e la somma dei tre angoli interni del triangolo è uguale a due retti**

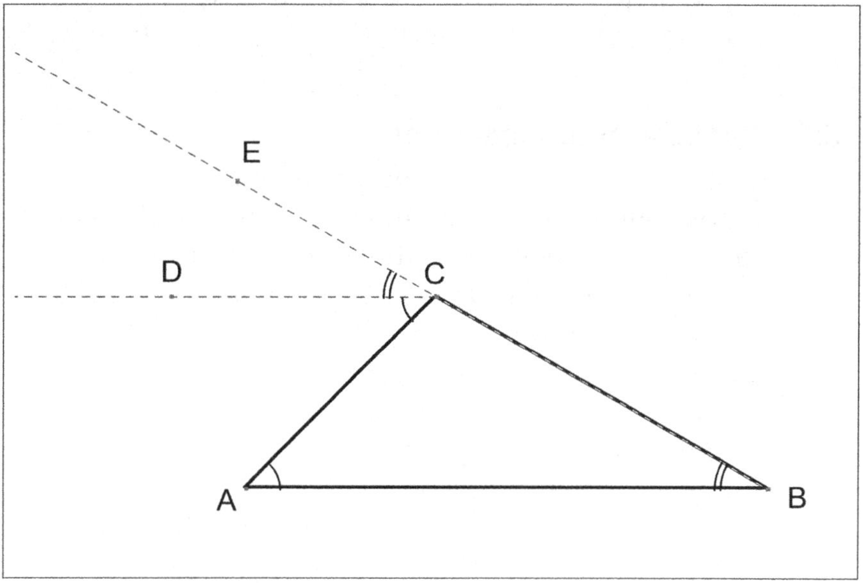


Figura 19: Somma degli angoli interni di un triangolo

Per la dimostrazione facciamo riferimento alla figura 19. Sia dunque $ABC$ un qualsiasi triangolo; prolunghiamo il lato $BC$ oltre $C$ e tracciamo la semiretta $DC$ parallela al lato $AB$. Osserviamo che $D\hat{C}A = C\hat{A}B$ in quanto $AB$ e $DC$ sono due rette parallele tagliate dalla trasversale $AC$. Per lo stesso motivo anche $D\hat{C}E = A\hat{B}C$, ma adesso la trasversale è $CB$. Quindi l'angolo esterno $A\hat{C}E$ è uguale alla somma $C\hat{A}B + C\hat{B}A$. Inoltre, se a questa somma aggiungiamo anche l'angolo $A\hat{C}B$ otteniamo un angolo piatto. Formalizziamo i passaggi della dimostrazione:

**Ipotesi**: la costruzione di figura 19

1. $D\hat{C}A = C\hat{A}B$ (criterio inverso di parallelismo, ipotesi)
2. $D\hat{C}E = A\hat{B}C$ (criterio inverso di parallelismo, ipotesi)
3. **Tesi 1**:$A\hat{C}E = C\hat{A}B + C\hat{B}A$ (ipotesi, 1, 2)
4. **Tesi 2**: $C\hat{A}B + C\hat{B}A + A\hat{C}B = A\hat{C}E + A\hat{C}B = \pi$ (3).

## 8.7 Verifiche di comprensione

1. Come sono definite le rette parallele?
2. È possibile stabilire che due rette sono parallele applicando direttamente la definizione di parallelismo?
3. In che senso la nozione di parallelismo implica il concetto di infinito?
4. Che cos'è il criterio di parallelismo?
5. Come sono definiti gli angoli alterni interni?
6. Come sono definiti gli angoli alterni esterni?
7. Come sono definiti gli angoli corrispondenti?
8. Come sono definiti gli angoli coniugati interni?
9. Come sono definiti gli angoli coniugati esterni?
10. Enuncia e dimostra il criterio di parallelismo.
11. Perché dovrebbe essere possibile dimostrare il criterio inverso di parallelismo?
12. È possibile dimostrare il criterio inverso di parallelismo utilizzando le prime 28 proposizioni e i primi 4 postulati del primo libro degli *Elementi*?
13. Come viene introdotto il criterio inverso di parallelismo?
14. Enuncia e dimostra il criterio inverso di parallelismo.
15. In che forma viene solitamente presentato il quinto postulati nei moderni testi di geometria?
16. Enuncia e dimostra la costruzione geometrica per co-

piare un angolo dato in modo che uno dei lati del nuovo angolo sia una semiretta assegnata.

17. Dimostra che se vale il quinto postulato nella forma in cui lo enuncia Euclide allora vale anche nella forma in cui viene solitamente enunciato nei moderni testi di geometria.
18. Dimostra che dalla forma "moderna" del quinto postulato si può dedurre l'enunciato di Euclide.
19. Per quali motivi nel corso dei secoli si è tentato di dimostrare il quinto postulato?
20. I tentativi di dimostrazione del quinto postulato hanno mai avuto successo?
21. Qual è la ragione del fallimento di molti dei tentativi di dimostrazione del quinto postulato?
22. In quale modo Gerolamo Saccheri voleva dimostrare il quinto postulato?
23. Quali conclusioni si possono trarre dal fallimento del tentativo di Gerolamo Saccheri di dimostrare il quinto postulato?
24. Che differenza c'è tra la matematica e le scienze della natura?
25. Definisci i termini "verità" e "correttezza".
26. Che cosa significa che la matematica è una scienza ipotetico-deduttiva?
27. Chi fu il primo ad accorgersi che è possibile anche una geometria senza il quinto postulato e chi furono altri importanti matematici che contribuirono allo sviluppo della geometria non euclidea?
28. Che cosa si intende per "geometria non euclidea"?
29. Perché si preferisce parlare di "geometrie non euclidee" (al plurale) anziché di "geometria non euclidea" (al singolare)?
30. Enuncia e dimostra il teorema sulla somma degli

angoli interni di un triangolo.

## 8.8 Problemi

1. Dimostra che se due rette tagliate da una trasversale formano con essa angoli corrispondenti uguali, esse sono parallele.
2. Dimostra che se due rette tagliate da una trasversale formano con essa angoli coniugati interni supplementari, esse sono parallele.
3. Dimostra che due rette parallele a una stessa retta sono parallele tra loro.
4. Dimostra che due rette perpendicolari a una stessa retta sono parallele tra loro.
5. Siano $r$ ed $s$ due rette parallele e siano $A$ e $B$ due punti qualsiasi su $r$. Siano $t$ e $v$ le perpendicolari a $r$ per $A$ e $B$ che incontrano $s$ rispettivamente in $C$ e $D$. Dimostra che $AC = BD$.
6. Siano $r$ ed $s$ due semirette aventi in comune l'origine $A$. Prendendo come origine un secondo punto $B$ traccia altre due semirette: $u$ parallela ad $r$ e $v$ parallela ad $s$. Dimostra che l'angolo formato da $r$ ed $s$ è uguale a quello formato da $u$ e $v$.
7. Dato un triangolo qualsiasi $ABC$ traccia le bisettrici degli angoli $A\hat{B}C$ e $A\hat{C}B$ che si incontrano nel punto $D$. Traccia poi la parallela per $D$ al lato $BC$ che incontra $AB$ e $AC$ rispettivamente in $E$ ed $F$. Dimostra che il segmento $EF$ è uguale alla somma di $BE$ e $CF$.
8. Dato un triangolo isoscele $ABC$ traccia una retta parallela alla base $AB$ che incontra gli altri due lati in $D$ ed $E$. Dimostra che anche il triangolo $DEC$ è isoscele.
9. Dimostra che se la retta passante per il vertice di un triangolo e parallela al lato opposto è bisettrice

dell'angolo esterno, allora il triangolo è isoscele.

10. Dimostra che la retta parallela alla base di un triangolo isoscele passante per il vertice opposto è bisettrice dell'angolo esterno relativo a tale vertice
11. Dimostra che in un triangolo isoscele la bisettrice dell'angolo esterno relativo al vertice opposto alla base è parallela alla base.
12. Data una retta $r$ e un punto $P$ esterno ad essa, costruisci con riga e compasso la parallela ad $r$ passante per $P$ (*Suggerimento: sfrutta la costruzione per copiare un angolo...*).
13. Dato il triangolo $ABC$, sulla retta passante per $C$ e parallela ad $AB$ prendi due punti $D$ ed $E$, da parti opposte rispetto a $C$, tali che $DC = CE = CB$. Dimostra che $BD$ e $BE$ sono perpendicolari.
14. In un triangolo rettangolo uno degli angoli acuti ha ampiezza pari a un terzo di angolo piatto. Dimostra che uno dei cateti è metà dell'ipotenusa.
15. Dimostra che la somma degli angoli interni di un quadrilatero è un angolo giro.

LEZIONE 9

# PARALLELOGRAMMI

## 9.1 Quadrilateri particolari

La nomenclatura che Euclide introduce nelle definizioni del primo libro degli *Elementi* per i quadrilateri è differente da quella usata oggigiorno, tuttavia nella proposizione 34 viene utilizzato il termine "parallelogramma" senza che ne sia stata data preventivamente una definizione. Dal contesto però si evince chiaramente che con parallelogramma si intende un quadrilatero avente i lati opposti paralleli. È interessante notare che il segmento che unisce due vertici opposti di un parallelogramma, cioè la diagonale, viene chiamata da Euclide "diametro", termine utilizzato anche da Platone nei suoi dialoghi. Il termine "trapezio", che pure compare nelle definizioni, non lo ritroviamo in alcuna proposizione, mentre nessuna menzione viene fatta del *deltoide* (un quadrilatero dal classico profilo ad aquilone, formato da due triangoli isosceli con la stessa base uniti per la base).

Riassumendo la terminologia dei quadrilateri:

1. un quadrilatero con una coppia di lati paralleli si chiama **trapezio**;
2. un quadrilatero con due coppie di lati paralleli si chiama **parallelogramma**;
3. un quadrilatero con le due coppie di lati adiacenti uguali si chiama **deltoide**;
4. un quadrilatero con tutti i lati uguali si chiama **rombo**;
5. un quadrilatero con tutti gli angoli uguali a un angolo

retto si chiama **rettangolo**;

6. un quadrilatero che è sia rombo che rettangolo si chiama **quadrato**.

## 9.2 Un criterio per riconoscere un parallelogramma

La proposizione 33, sebbene non contenga esplicitamente il termine "parallelogramma" (che sarà introdotto solo nella successiva), è il primo teorema che incontriamo che riguarda tali quadrilateri. Si tratta di un criterio in base al quale possiamo affermare che un quadrilatero avente una coppia di lati opposti uguali e paralleli è un parallelogramma. L'enunciato della proposizione 33 è il seguente:

> **Rette che congiungano dalla stessa parte rette uguali e parallele sono anch'esse uguali e parallele**

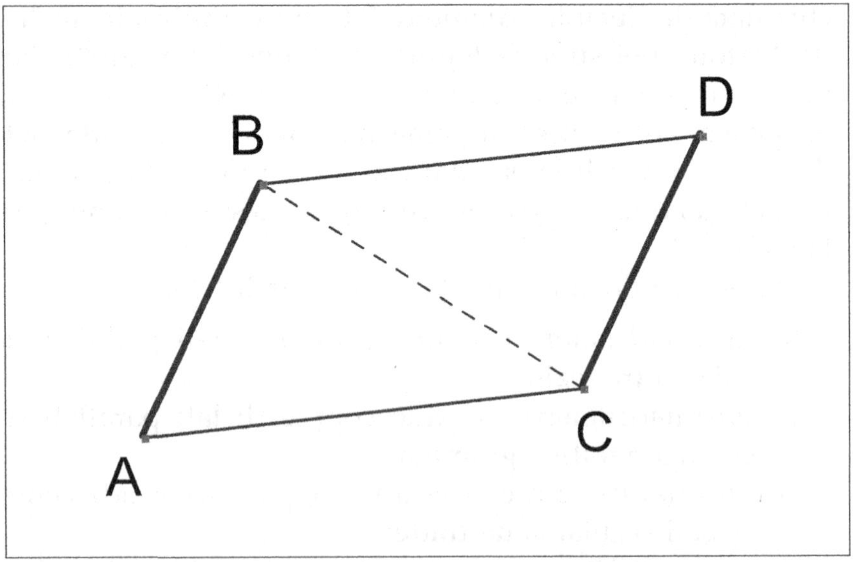


Figura 20: Criterio per riconoscere un parallelogramma

In termini di parallelogrammi possiamo esprimere questa proposizione in forma di criterio per stabilire se un certo quadrilatero è un parallelogramma, cioè: **un quadrilatero avente una coppia di lati uguali e paralleli è un parallelogramma** (in realtà la proposizione 33 dice qualcosa in più, dato che nella definizione di parallelogramma c'è solo il parallelismo ma non l'uguaglianza dei lati opposti). Per la dimostrazione facciamo riferimento alla figura 20. Siano $AB$ e $CD$ due segmenti uguali e paralleli. La diagonale $BC$ è una trasversale che taglia le due rette parallele $AB$ e $CD$, pertanto gli angoli alterni interni $A\hat{B}C$ e $B\hat{C}D$ sono uguali. Dunque, essendo $BC$ in comune, i triangoli $ABC$ e $BCD$ sono uguali in base al primo criterio. Come conseguenza di ciò: $AC = BD$ (che è la prima parte della tesi) e $A\hat{C}B = C\hat{B}D$ perché elementi corrispondenti in triangoli uguali. Ma $A\hat{C}B$ e $C\hat{B}D$ sono angoli alterni interni delle rette $AC$ e $BD$ tagliate dalla trasversale $BC$, pertanto – secondo il criterio di parallelismo – i segmenti $AC$ e $BD$ sono anche paralleli.

Formalizziamo i passaggi della dimostrazione:

**Ipotesi**: $AB$ e $CD$ sono due segmenti uguali e paralleli
1. $A\hat{B}C = B\hat{C}D$ (criterio inverso di parallelismo, ipotesi)
2. I triangoli $ABC$ e $BCD$ sono uguali (primo criterio di uguaglianza, ipotesi, 1)
3. **Tesi 1:**$AC = BD$ (E.C.T.U., 2)
4. $A\hat{C}B = C\hat{B}D$ (E.C.T.U., 2)
5. **Tesi 2**: $AC$ e $BD$ sono paralleli (criterio diretto di parallelismo, 4)

## 9.3 Le proprietà dei parallelogrammi

La proposizione 34 del primo libro stabilisce le proprietà del parallelogramma, e cioè l'uguaglianza dei lati e degli angoli opposti e il fatto che la diagonale divida la figura in due triangoli uguali.

**I parallelogrammi hanno i lati e gli angoli opposti uguali fra loro, e sono divisi dalla diagonale in due parti uguali**

Per la dimostrazione facciamo riferimento ancora alla figura 20. Per ipotesi sappiamo che il quadrilatero $ACDB$ è un parallelogramma, cioè che $AB$ è parallelo a $CD$ e che $AC$ è parallelo a $BD$. Considerando $BC$ come trasversale relativamente alle parallele $AC$ e $BD$ si ha – in base al criterio inverso di parallelismo – che $A\hat{C}B = C\hat{B}D$. Per lo stesso motivo, ma facendo riferimento alle parallele $AB$ e $CD$ , possiamo dire che $A\hat{B}C = B\hat{C}D$. Siamo dunque in condizione di applicare il secondo criterio di uguaglianza ai triangoli $ABC$ e $BCD$ (essendo il lato $BC$ in comune). Pertanto: $AC = BD$, $AB = CD$, $B\hat{A}C = B\hat{D}C$ ed essendo uguali somme di cose uguali, anche $A\hat{C}D = A\hat{C}B + B\hat{C}D = D\hat{B}C + C\hat{B}A = A\hat{B}D$.

Formalizziamo i passaggi della dimostrazione:

**Ipotesi**: $AB$ è parallelo a $CD$ e $AC$ è parallelo a $BD$

1. $A\hat{C}B = C\hat{B}D$ (criterio inverso di parallelismo, ipotesi)
2. $A\hat{B}C = B\hat{C}D$ (criterio inverso di parallelismo, ipotesi)
3. **Tesi 1**: i triangoli $ABC$ e $BCD$ sono uguali (secondo criterio di uguaglianza, 1, 2)
4. **Tesi 2**: $AC = BD$ (E.C.T.U., 3)
5. **Tesi 3**: $AB = CD$ (E.C.T.U., 3)
6. **Tesi 4**: $B\hat{A}C = B\hat{D}C$ (E.C.T.U., 3)
7. **Tesi 5**: $A\hat{C}D = A\hat{C}B + B\hat{C}D = D\hat{B}C + C\hat{B}A = A\hat{B}D$ (II nozione comune, 1, 2)

Altre proprietà del parallelogramma si possono facilmente dedurre, sebbene Euclide non lo faccia; di esse si lascia la dimostrazione per esercizio. Di particolare rilevanza è la proprietà in base alla quale in un parallelogramma il punto di intersezione delle le diagonali è il punto medio di ciascuna di esse (problema 9) come pure la sua inversa (problema 10), che rappresenta un utile criterio per riconoscere se un quadrilatero è un parallelogramma.

## 9.4 Il baricentro di un triangolo

Come applicazione di quanto visto sopra dimostriamo una importante proprietà dei triangoli, e cioè il fatto che le tre mediane si incontrano in un punto – detto *baricentro* del triangolo – e che tale punto divide ogni mediana in due parti tali che una sia doppia dell'altra. Per dimostrare questa proprietà abbiamo bisogno di un lemma:

> **Il segmento che unisce i punti medi di due lati di un triangolo è parallelo al terzo lato e uguale alla sua metà. Viceversa, se dal punto medio di un lato di un triangolo tracciamo la parallela a uno degli altri lati, questa incontra il terzo lato nel suo punto medio**

La dimostrazione di questo lemma è lasciata per esercizio (problemi 14 e 15).

Veniamo dunque all'enunciato e alla dimostrazione del seguente teorema:

> **Le mediane di un triangolo si incontrano in unico punto e sono divise da esso in due parti una doppia dell'altra**

Per la dimostrazione facciamo riferimento alla figura 21.

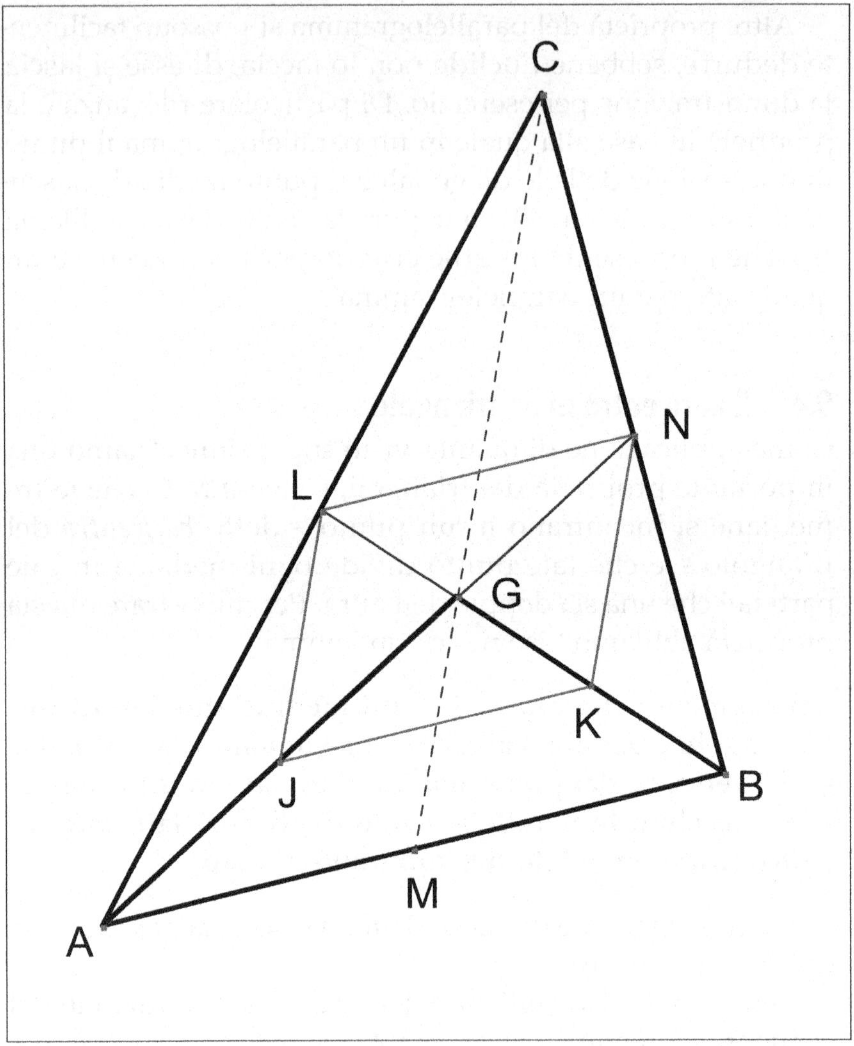


Figura 21: Baricentro di un triangolo

Siano $AN$ e $BL$ due mediane che si intersecano in $G$. Siano poi $J$ e $K$ i punti medi di $AG$ e $BG$ rispettivamente. Consideriamo il triangolo $ABC$: il segmento $LN$ unisce i punti medi dei lati $AC$ e $BC$, ed è pertanto parallelo ad $AB$ e pari alla sua metà. Consideriamo ora il triangolo $ABG$: il segmento $JK$ unisce i punti medi dei lati $AG$ e $BG$, ed è pertanto parallelo ad $AB$ e pari alla sua metà. Il quadrilatero $LJKN$ avendo i lati $LN$ e $JK$ uguali e paralleli è quindi un parallelogramma. Come abbiamo visto, in un parallelogramma le diagonali si dividono reciprocamente a metà, cioè $JG = GN$. Ma in base alla costruzione effettuata è anche $AJ = JG$; questo significa che $AG = 2GN$, cioè il punto $G$ divide la mediana $AN$ in due parti una doppia dell'altra (prima parte della tesi).

Per mostrare che anche la mediana $CM$ passa per $G$ procediamo per assurdo e supponiamo che $AN$ e $CM$ si incontrino in un punto $G'$ diverso da $G$. Se così fosse, ripetendo la prima parte della dimostrazione relativamente ad $AN$ e $CM$, avremmo che $G'$ divide $AN$ in due parti una doppia dell'altra, cioè che $AG' = 2G'N$. D'altra parte è anche $AG = 2GN$, si avrebbe così l'assurdo che $AG = AG' = \frac{2}{3}AN$ essendo $G \neq G'$.

Formalizziamo i passaggi della dimostrazione:

**Ipotesi**: $M$, $N$ ed $L$ punti medi di $AB$, $BC$ e $AC$ rispettivamente. La costruzione di figura 21.

1. $LN$ parallelo ad $AB$; $LN = \frac{1}{2}AB$ (lemma, ipotesi)
2. $JK$ parallelo ad $AB$; $JK = \frac{1}{2}AB$ (lemma, ipotesi)
3. $JK$ parallelo $LN$; $JK = LN$ (1, 2)
4. $JKNL$ parallelogramma (criterio dei parallelogrammi, 3)
5. $JG = GN$ (proprietà dei parallelogrammi, 4)
6. **Tesi 1**: $AG = 2GN$ (5, ipotesi)
7. L'intersezione tra $AN$ e $CM$ è $G'$ diverso da $G$ (tesi negata)

8. $AG' = 2G'N$ (1-6 applicati alla coppia $AN$, $CM$)
9. contraddizione (7, 8, 6)
10. **Tesi 2**: $G = G'$ (9, 7)

## 9.5 Verifiche di comprensione

1. Che cos'è un trapezio?
2. Che cos'è un parallelogramma?
3. Che cos'è un deltoide?
4. Che cos'è un rombo?
5. Che cos'è un rettangolo?
6. Che cos'è un quadrato?
7. Enuncia e dimostra la proposizione 33 del primo libro degli *Elementi*.
8. Enuncia la proposizione 33 in forma di criterio.
9. Di quali proprietà gode il parallelogramma?
10. Enuncia e dimostra la proposizione 34 del primo libro degli elementi.
11. Di quale proprietà gode il punto di intersezione delle diagonali di un parallelogramma?
12. Che cos'è il baricentro di un triangolo?
13. Di quali proprietà gode il segmento che unisce i punti medi di due lati di un triangolo?
14. Se dal punto medio del lato di un triangolo tracciamo la parallela a uno dei lati, dove incontrerà tale retta il terzo lato?
15. Enuncia e dimostra il teorema del baricentro di un triangolo.

## 9.6 Problemi

1. Dimostra che in un parallelogramma gli angoli adiacenti sono supplementari.

2. Dimostra che se in un quadrilatero gli angoli adiacenti sono supplementari, il quadrilatero è un parallelogramma.
3. Dimostra che un quadrilatero in cui gli angoli opposti sono uguali è un parallelogramma.
4. Dimostra che se entrambe le diagonali di un quadrilatero lo dividono in due triangoli uguali, allora tale quadrilatero è un parallelogramma.
5. Dimostra che se un quadrilatero è diviso in due triangoli uguali da una sua diagonale, non necessariamente il quadrilatero è un parallelogramma.
6. Dimostra che se un quadrilatero è diviso da una sua diagonale in due triangoli uguali, allora il quadrilatero è un deltoide.
7. Dimostra che se in un quadrilatero i lati opposti sono uguali tra loro allora il quadrilatero è un parallelogramma.
8. Dimostra che se in un quadrilatero gli angoli opposti sono uguali tra loro allora il quadrilatero è un parallelogramma.
9. Dimostra che in un parallelogramma il punto di intersezione delle le diagonali è il punto medio di ciascuna di esse.
10. Dimostra che se in un quadrilatero le diagonali si dividono reciprocamente a metà, esso è un parallelogramma.
11. Dimostra che se un trapezio ha i lati non paralleli uguali tra loro (trapezio *isoscele*), allora gli angoli formati da tali lati con ciascuno dei lati paralleli sono uguali tra loro (*Suggerimento: dal vertice formato dalla base minore e da uno dei lati obliqui traccia la parallela all'altro lato obliquo...*).
12. Dimostra che se in un trapezio gli angoli che una delle

basi forma con i lati obliqui sono uguali, allora lo sono anche gli angoli che l'altra base forma con i lati obliqui.

13. Dimostra che se in un trapezio gli angoli che una delle basi forma con i lati obliqui sono uguali, allora i lati obliqui sono uguali tra loro.
14. Nel triangolo $ABC$ siano $M$ ed $N$ i punti medi di $AC$ e $CB$ rispettivamente. Dimostra che il segmento $MN$ è parallelo ad $AB$ e pari alla sua metà (*Suggerimento: sia D il punto di incontro tra il prolungamento di MN e la parallela ad AC passante per B; confronta i triangoli CMN e BND. Quindi il quadrilatero ABDM è ...*).
15. Dal punto medio $M$ del lato $AC$ del triangolo $ABC$ traccia la parallela ad $AB$ che incontra il lato $CB$ in $N$. Dimostra che $N$ è il punto medio di $CB$ (*Suggerimento: procedi per assurdo e fai riferimento al precedente problema...*).
16. Siano $ABC$ e $ABD$ due qualsiasi triangoli aventi in comune la base $AB$. Dimostra che i segmenti ottenuti unendo rispettivamente i punti medi di $AC$ e $BC$ e di $AD$ e $BD$ sono uguali.
17. Dimostra che unendo i punti medi dei lati di un qualsiasi quadrilatero si ottiene un parallelogramma.
18. Dimostra che unendo i punti medi dei lati di un rettangolo si ottiene un rombo.
19. Dimostra che le intersezioni delle bisettrici degli angoli di un parallelogramma sono i vertici di un rettangolo.
20. Nel parallelogramma $ABCD$ sia $K$ il punto di incontro delle diagonali. Da un punto $E$ qualsiasi del lato $DC$ traccia la retta $EK$ che incontra il lato $AB$ in $F$. Dimostra che $EK = FK$.

LEZIONE 10

# RETTE PERPENDICOLARI E LUOGHI GEOMETRICI

## 10.1 La relazione di perpendicolarità

Euclide introduce la perpendicolarità nella decima definizione del primo libro dicendo che una retta è perpendicolare ad un'altra quando forma con essa angoli adiacenti uguali. Osserviamo che questa definizione non è simmetrica, in quanto non asserisce esplicitamente che anche la seconda retta è perpendicolare alla prima. Tuttavia, sfruttando l'uguaglianza degli angoli opposti al vertice, è immediato mostrare che se la prima retta forma angoli adiacenti uguali con la seconda, allora la seconda forma angoli adiacenti uguali con la prima.

Dal punto di vista operativo, la proposizione 11 del primo libro indica la costruzione con riga e compasso della perpendicolare a una retta data passante per un suo punto:

> **Su una retta data, da un punto dato su essa, innalzare una linea retta perpendicolare**

Per illustrare la costruzione facciamo riferimento alla figura 22. Sia $r$ una retta e $A$ un suo punto dato. Con apertura del compasso arbitraria tracciamo una semicirconferenza di centro $A$ che incontra $r$ in $B$ e $C$. Successivamente costruiamo il triangolo equilatero di lato $BC$, che ha $D$ come terzo vertice. La retta per $D$ e $A$ è la perpendicolare cercata.

Infatti i triangoli $ABD$ e $ACD$ sono uguali in base al terzo

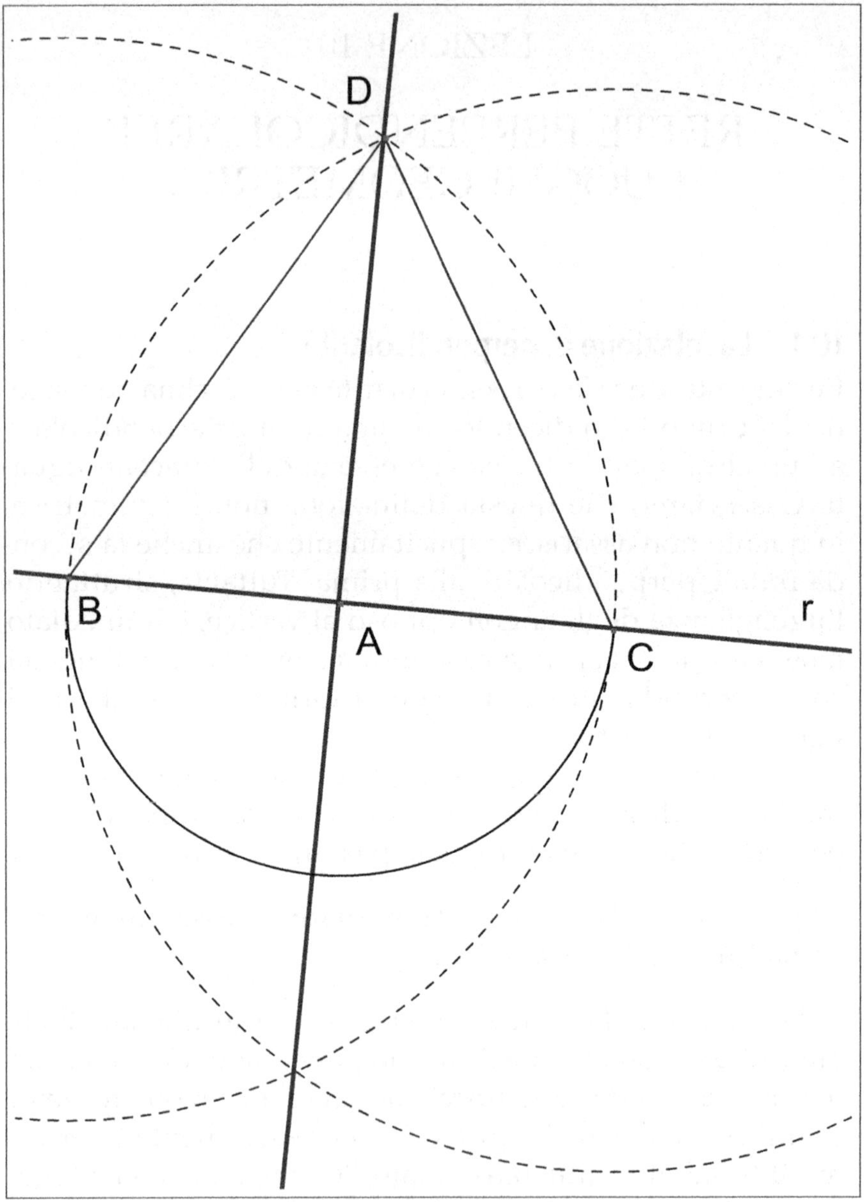


Figura 22: Costruzione della perpendicolare a una retta data per un suo punto

criterio essendo: $AD$ in comune, $BD = DC$ perché lati di un triangolo equilatero, $AB = AC$ per costruzione. Sarà quindi $B\hat{A}D = C\hat{A}D$. Ma ciò significa che la retta $AD$, venendo a cadere su $r$, forma angoli adiacenti uguali, che è proprio la definizione di perpendicolarità.

Formalizziamo i passaggi della dimostrazione:

**Ipotesi**: La costruzione di figura 22
1. $BD = DC$ (ipotesi)
2. $AB = AC$ (ipotesi)
3. I triangoli $ABD$ e $ACD$ sono uguali (terzo criterio di uguaglianza, 1, 2)
4. **Tesi**: $B\hat{A}D = C\hat{A}D$ (E.C.T.U., 3)

## 10.2 La distanza di un punto da una retta

Il più elementare concetto di distanza che incontriamo in geometria è quello di distanza tra due punti, che si definisce come il segmento che unisce tali punti. Successivamente, possiamo definire la distanza tra un punto e una retta come il segmento perpendicolare tracciato dal punto alla retta. Ad esempio, in un triangolo ciascuna altezza è la distanza tra un vertice e il lato opposto.

Negli *Elementi* non troviamo una definizione esplicita di distanza di un punto da una retta, tuttavia la proposizione 12 del primo libro indica la costruzione con riga e compasso proprio della perpendicolare a una retta data passante per un punto esterno ad essa:

**Ad una retta data illimitata, da un punto dato ad essa esterno, condurre una linea retta perpendicolare**

Facendo riferimento alla figura 23, sia $A$ il punto per cui deve passare la perpendicolare alla retta. Scegliamo un

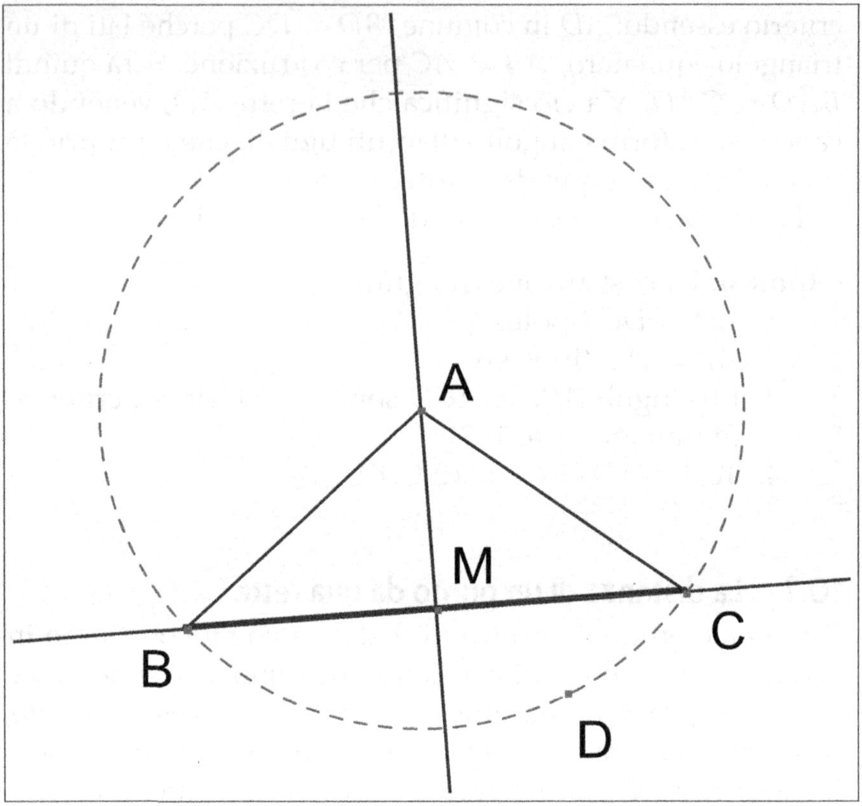


Figura 23: Perpendicolare a una retta data per un punto esterno ad essa

punto $D$ qualsiasi dall'altra parte della retta rispetto ad $A$ e con apertura del compasso pari a $DA$ tracciamo una circonferenza che incontra la retta nei punti $B$ e $C$. Sia $M$ il punto medio del segmento $BC$ (ricordiamo che la costruzione del punto medio di un segmento è una conseguenza del terzo criterio di uguaglianza dei triangoli): la retta per $A$ e $M$ è la perpendicolare cercata. Infatti i triangoli $ABM$ e $AMC$ sono uguali in base al terzo criterio avendo: $AM$ in comune; $AB = AC$ poiché raggi della stessa circonferenza; $BM = MC$ per costruzione. Dall'uguaglianza dei due triangoli segue che $B\hat{M}A = A\hat{M}C$, elementi corrispondenti. Ritroviamo quindi la definizione di perpendicolarità: la retta $AM$ viene a formare, cadendo su $BC$ angoli adiacenti uguali.

Formalizziamo i passaggi della dimostrazione:

**Ipotesi**: La costruzione di figura 23

1. $AB = AC$ (ipotesi)
2. $BM = MC$ (ipotesi)
3. i triangoli $ABM$ e $AMC$ sono uguali (terzo criterio di uguaglianza, 1, 2)
4. **Tesi**: $B\hat{M}A = A\hat{M}C$ (E.C.T.U., 3)

## 10.3 Luoghi geometrici

Un concetto che non troviamo esplicitamente definito negli *Elementi* ma che riveste estrema importanza nella geometria è quello di **luogo geometrico**. Un luogo geometrico è un insieme di punti (cioè una figura geometrica) formato da tutti i punti che godono di una certa proprietà e solo da essi. In altri termini, per far vedere che una certa figura è un particolare luogo geometrico dobbiamo dimostrare che i punti della figura godono di quella proprietà (tutti i punti...) e che se un punto gode di quella proprietà allora esso appartiene alla figura (solo i punti...). Un paio di esempi concreti renderanno più chiaro questo concetto.

### 10.3.1 L'asse di un segmento

Come primo esempio di luogo geometrico consideriamo l'asse di un segmento, definito come l'insieme dei punti che godono della proprietà di essere equidistanti dagli estremi del segmento. Tale insieme è formato dai punti della retta perpendicolare al segmento passante per il suo punto medio: nella figura 23 la retta $AM$ è l'asse del segmento $BC$. Vogliamo cioè dimostrare il seguente teorema:

**I punti appartenenti alla retta perpendicolare ad un segmento dato e passante per il suo punto medio sono equidistanti dagli estremi del segmento; viceversa, i punti equidistanti dagli estremi di un segmento appartengono alla retta perpendicolare al segmento passante per il suo punto medio**

La nostra dimostrazione sarà dunque composta da due parti: se un punto appartiene alla retta $AM$ è equidistante da $B$ e da $C$ (prima parte), se un punto è equidistante da $B$ e da $C$ allora esso appartiene alla retta $AM$. Per la dimostrazione facciamo riferimento alla figura 24.

Supponiamo dapprima che $P$ sia un punto della perpendicolare ad $AB$ passante per il suo punto medio $M$. I triangoli $AMP$ e $PMB$ sono uguali in base al primo criterio: $PM$ è in comune, $AM = MB$ e $A\hat{M}P = P\hat{M}B = \frac{\pi}{2}$ per ipotesi. Quindi $AP = PB$ in quanto elementi corrispondenti in triangoli uguali. Supponiamo ora che $AP = PB$. Di nuovo, i triangoli $AMP$ e $PMB$ sono uguali, essendo $M$ il punto medio di $AB$; stavolta in base al terzo criterio. Infatti $PM$ è in comune, $AM = MB$ e $AP = PB$ per ipotesi. Quindi $A\hat{M}P = P\hat{M}B = \frac{\pi}{2}$ (elementi corrispondenti in triangoli uguali).

Formalizziamo i passaggi della dimostrazione.

*Teorema diretto*
**Ipotesi**: la costruzione di figura 24, $AM = MB$ e $PM$ perpendicolare ad $AB$.

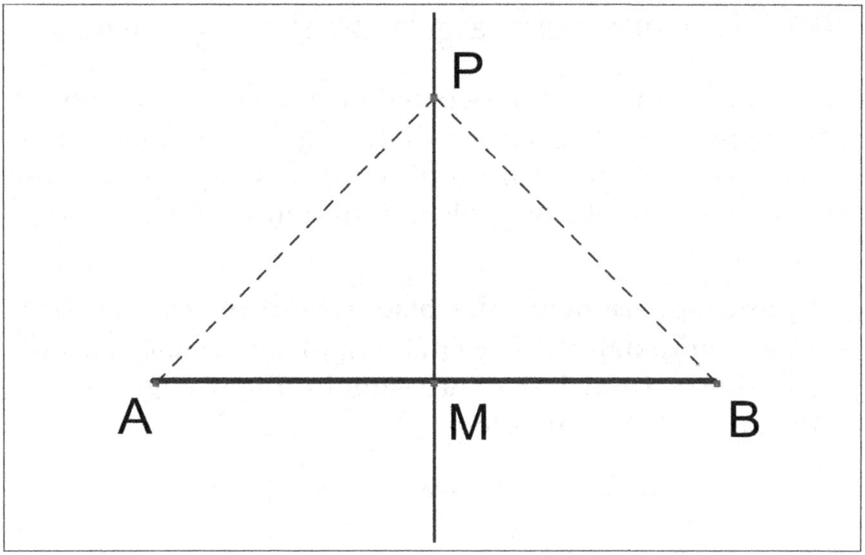


Figura 24: Asse del segmento

1. $A\hat{M}P = P\hat{M}B = \frac{\pi}{2}$ (ipotesi)
2. i triangoli $AMP$ e $PMB$ sono uguali (primo criterio di uguaglianza, ipotesi, 1)
3. **Tesi**: $AP = PB$ (E.C.T.U., 2)

*Teorema inverso*
**Ipotesi**: la costruzione di figura 24, $AP = PB$, $AM = MB$.
1. i triangoli $AMP$ e $PMB$ sono uguali (terzo criterio di uguaglianza, ipotesi)
2. **Tesi**: $A\hat{M}P = P\hat{M}B = \frac{\pi}{2}$ (E.C.T.U., 1)

### 10.3.2 La bisettrice di un angolo come luogo geometrico

Il secondo esempio di luogo geometrico che prendiamo in considerazione è la bisettrice di un angolo. Essa infatti gode della proprietà che tutti i suoi punti sono equidistanti dai due lati dell'angolo. Si vuole quindi dimostrare il seguente teorema:

**I punti appartenenti alla bisettrice di un angolo dato sono equidistanti dai lati dell'angolo; viceversa, i punti equidistanti dai lati di un angolo appartengono alla bisettrice di tale angolo**

Con riferimento alla figura 25, sia $D$ un punto qualsiasi della bisettrice $AD$ dell'angolo $B\hat{A}C$, vale a dire tale che $B\hat{A}D = D\hat{A}C$; dimostriamo che $D$ è equidistante da $AB$ e $AC$. A tale scopo tracciamo i segmenti $DB$ e $DC$ perpendicolari rispettivamente ad $AB$ e $AC$. I triangoli $ABD$ e $ADC$ hanno il lato $AD$ in comune, $B\hat{A}D = D\hat{A}C$ per ipotesi e $A\hat{B}D = A\hat{C}D = \frac{\pi}{2}$ per costruzione. Essi sono pertanto uguali in base al secondo criterio di uguaglianza e quindi sono uguali anche i lati corrispondenti $BD$ e $CD$: il punto $D$ è pertanto equidistante dai lati dell'angolo (ricordiamo che la distanza di un punto da una retta è il segmento di perpendicolare tracciato dal punto alla retta).

Per dimostrare la seconda parte di questo teorema (cioè che se un punto è equidistante dai lati di un angolo allora la retta che passa per esso e per il vertice dell'angolo è la bisettrice) abbiamo bisogno di un lemma:

**Se due triangoli rettangoli hanno uguali rispettivamente un cateto e l'ipotenusa allora sono uguali.**

Lasciamo la dimostrazione di questo criterio per esercizio. Assumiamo dunque come ipotesi che $D$ sia un punto equidi-

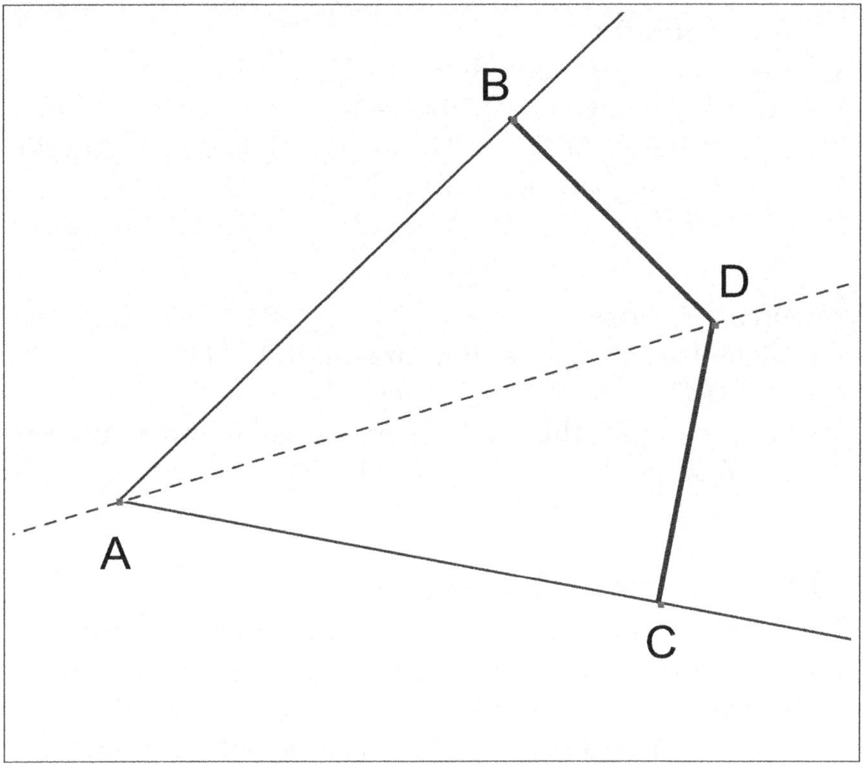


Figura 25: Bisettrice di un angolo

stante dai lati dell'angolo, cioè che i due segmenti $DB$ e $DC$, perpendicolari rispettivamente ad $AB$ e $AC$, siano uguali. Ancora una volta avremo che i triangoli rettangoli $ABD$ e $ADC$ sono uguali, stavolta in base al lemma enunciato sopra. Essi hanno infatti l'ipotenusa $AD$ in comune e i cateti $DB$ e $DC$ uguali per ipotesi. Pertanto sarà anche $B\hat{A}D = D\hat{A}C$, poiché si tratta di angoli corrispondenti nei triangoli uguali. Formalizziamo i passaggi della dimostrazione.

*Teorema diretto*

**Ipotesi**: la costruzione di figura 25, $B\hat{A}D = D\hat{A}C$

1. $A\hat{B}D = A\hat{C}D = \frac{\pi}{2}$ (ipotesi)
2. i triangoli $ABD$ e $ACD$ sono uguali (secondo criterio di uguaglianza, ipotesi, 1)
3. **Tesi**: $BD = DC$ (E.C.T.U., 2)

*Teorema inverso*

**Ipotesi**: la costruzione di figura 25, $BD = DC$

1. $A\hat{B}D = A\hat{C}D = \frac{\pi}{2}$ (ipotesi)
2. i triangoli $ABD$ e $ACD$ sono uguali (lemma, ipotesi)
3. **Tesi**: $B\hat{A}D = D\hat{A}C$ (E.C.T.U., 2)

## 10.4 I punti notevoli di un triangolo

Due rette che non siano parallele si incontrano sempre in un punto, esiste cioè un punto appartenente ad entrambe le rette. Prese invece tre rette qualsiasi non parallele, questo non sarà più necessariamente vero. In altri termini non esisterà necessariamente alcun punto che appartenga a tutte e tre le rette, anche se in qualche caso speciale ciò potrà verificarsi.

Abbiamo già visto come le tre mediane di un triangolo qualsiasi si incontrino sempre in un punto (il *baricentro* del triangolo). Dimostreremo adesso che in un triangolo esistono altri **punti notevoli**, laddove si incontrano gli assi dei lati, le bisettrici degli angoli, le altezze.

### 10.4.1 Circocentro

I tre assi dei lati di un qualsiasi triangolo hanno un punto comune chiamato *circocentro*. Utilizzando il fatto che l'asse del segmento è un luogo geometrico la deduzione di questa proprietà è immediata. Facendo infatti riferimento alla figura 26, sia *K* il punto di incontro degli assi dei lati *AB* e *BC*. Poiché *K* appartiene all'asse di *AB*, esso è equidistante dagli estremi del segmento, cioè: $AK = BK$. Ma *K* appartiene anche all'asse di *BC*, quindi: $BK = CK$. Confrontando le due uguaglianze ricaviamo che $AK = CK$, cioè *K* – essendo equidistante da *A* e *C* – appartiene anche all'asse di *AC*.

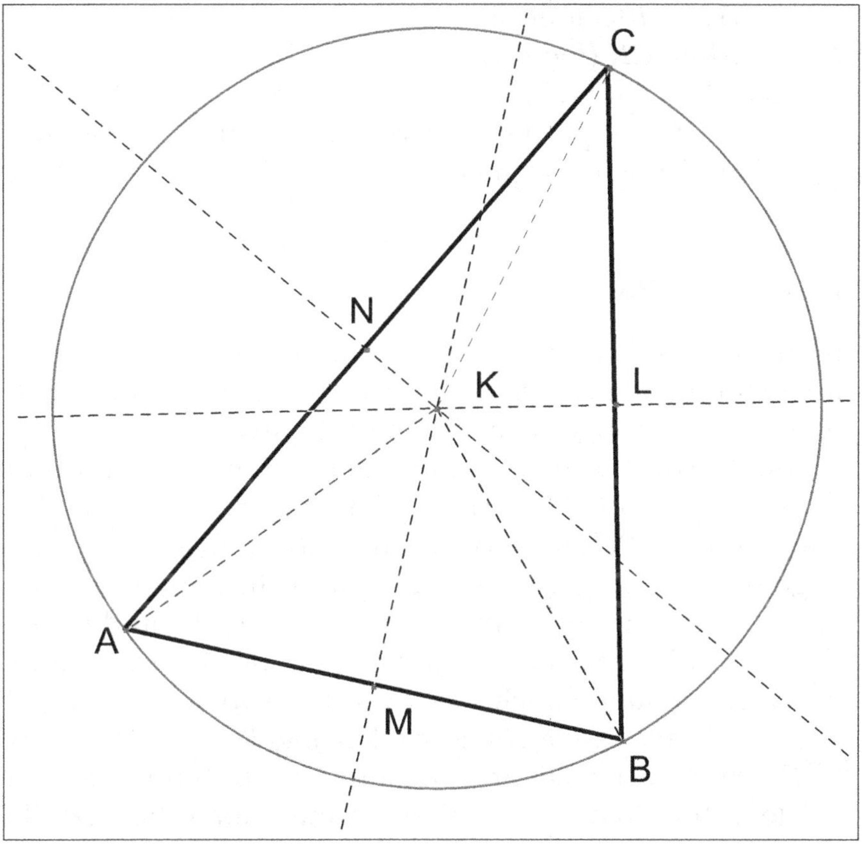


Figura 26: Circocentro

Un cerchio che passi per tutti i vertici di un poligono si dice *circoscritto* a quel poligono. Per questo motivo il punto $K$ si chiama *circocentro*, poiché è il centro del cerchio circoscritto al triangolo. Infatti i tre vertici $A$, $B$ e $C$, essendo equidistanti da $K$, appartengono alla stessa circonferenza di centro $K$ (appunto, la circonferenza circoscritta al triangolo).

Formalizziamo i passaggi della dimostrazione:

**Ipotesi**: La costruzione di figura 26 in cui $K$ è il punto di incontro tra l'asse di $AB$ e quello di $AC$

1. $AK = BK$ (ipotesi)
2. $BK = CK$ (ipotesi)
3. $AK = CK$ (1, 2)
4. **Tesi**: $K$ appartiene anche all'asse di $AC$ (teorema sull'asse del segmento, 3)

### 10.4.2 Incentro

In maniera analoga a quanto visto per il circocentro, si può dimostrare che anche le tre bisettrici degli angoli interni di un qualsiasi triangolo hanno un punto in comune.

Infatti, con riferimento alla figura 27, sia $J$ il punto di intersezione tra la bisettrice dell'angolo in $A$ e quella dell'angolo in $B$. Pertanto, ricordando che la bisettrice di un angolo è il luogo geometrico dei punti che hanno la stessa distanza dai lati dell'angolo, abbiamo che $J$ è equidistante da $AC$ e $AB$ come pure è equidistante da $AB$ e $CB$, quindi $J$ è equidistante anche da $AC$ e $CB$. Ciò significa che $J$ appartiene anche alla bisettrice dell'angolo in $C$.

Un cerchio che sia tangente a tutti i lati di un poligono – vale a dire il cui centro abbia la medesima distanza da tutti i lati del poligono – si dice *inscritto* in quel poligono. Per questo motivo il punto di incontro delle bisettrici in un

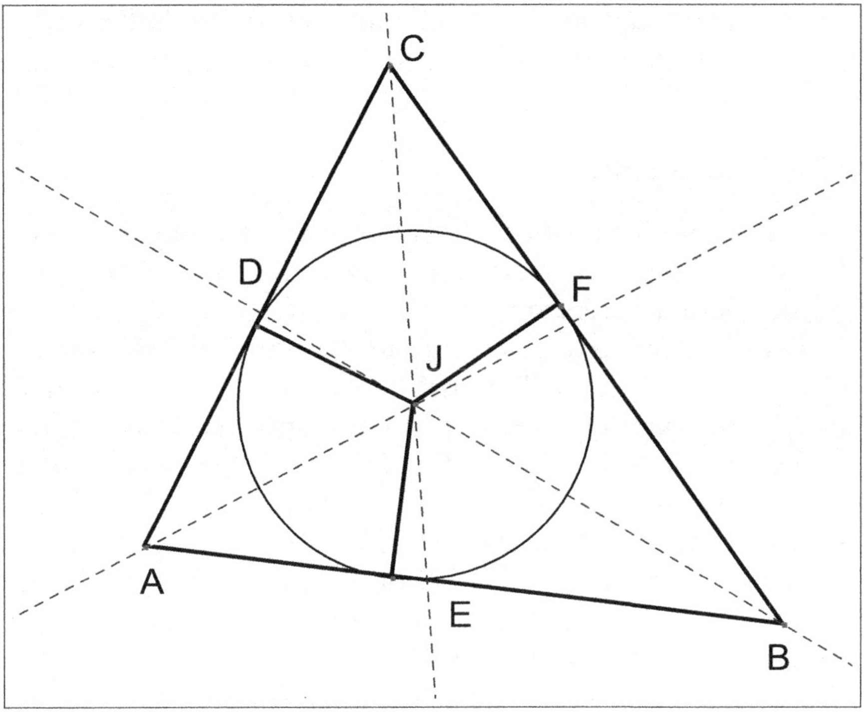


Figura 27: Incentro

triangolo è il centro del cerchio in esso inscritto e si chiama *incentro*.

Formalizziamo i passaggi della dimostrazione:

**Ipotesi**: La costruzione di figura 6 in cui $J$ è il punto di incontro tra la bisettrice dell'angolo in $A$ e quella dell'angolo in $B$ e i segmenti $JD$, $JE$ e $JF$ sono perpendicolari rispettivamente ai lati $AC$, $AB$ e $BC$.

1. $JD = JE$ (ipotesi)
2. $JE = JF$ (ipotesi)
3. $JD = JF$ (1, 2)

4. **Tesi**: $J$ appartiene anche alla bisettrice dell'angolo in $C$ (teorema sulla bisettrice di un angolo, 3)

### 10.4.3 Ortocentro

Dal teorema visto sopra sul circocentro discende che anche le tre altezze di un triangolo si incontrano sempre in un punto, detto *ortocentro*.

Per dimostrare questo risultato facciamo ricorso alla costruzione illustrata nella figura 28. Dal vertice $A$ del triangolo $ABC$ tracciamo la parallela al lato opposto $CB$, dal vertice $B$ la parallela al lato $AC$ e dal vertice $C$ la parallela al lato $AB$. Queste tre rette si incontrano nei punti $D$, $E$ ed $F$. Osserviamo adesso che $C\hat{A}D = A\hat{C}B$ in quanto angoli alterni interni delle parallele $CB$ e $DE$ tagliate dalla trasversale $AC$. Considerando invece le parallele $AB$ e $DF$ tagliate dalla trasversale $AC$ avremo che $D\hat{C}A = C\hat{A}B$. Essendo poi il lato $AC$ in comune, possiamo dedurre l'uguaglianza dei triangoli $ABC$ e $ADC$ in base al secondo criterio. Di conseguenza $DC = AB$ in quanto elementi corrispondenti in triangoli uguali. Ripetendo il medesimo ragionamento per le altre coppie di rette parallele presenti nella figura 28 tagliate da differenti trasversali, si arriva a dimostrare che anche i triangoli $CBF$ e $ABE$ sono uguali ad $ABC$. Nel caso del triangolo $CBF$ si ha $CF = AB$ in quanto elementi corrispondenti in triangoli uguali. Essendo quindi $CF = AB$ e $DC = AB$ sarà anche $DC = CF$, vale a dire $C$ è il punto medio del segmento $DF$. Vediamo allora che l'altezza relativa ad $AB$ nel triangolo $ABC$ è anche l'asse del lato $DF$ nel triangolo $EDF$. Essa infatti, essendo perpendicolare ad $AB$, lo è anche a $DF$; inoltre passa per $C$, punto medio di $DF$. In maniera del tutto analoga l'altezza relativa ad $AC$ nel triangolo $ABC$ è l'asse del lato $FE$ nel triangolo $EDF$, e l'altezza relativa a

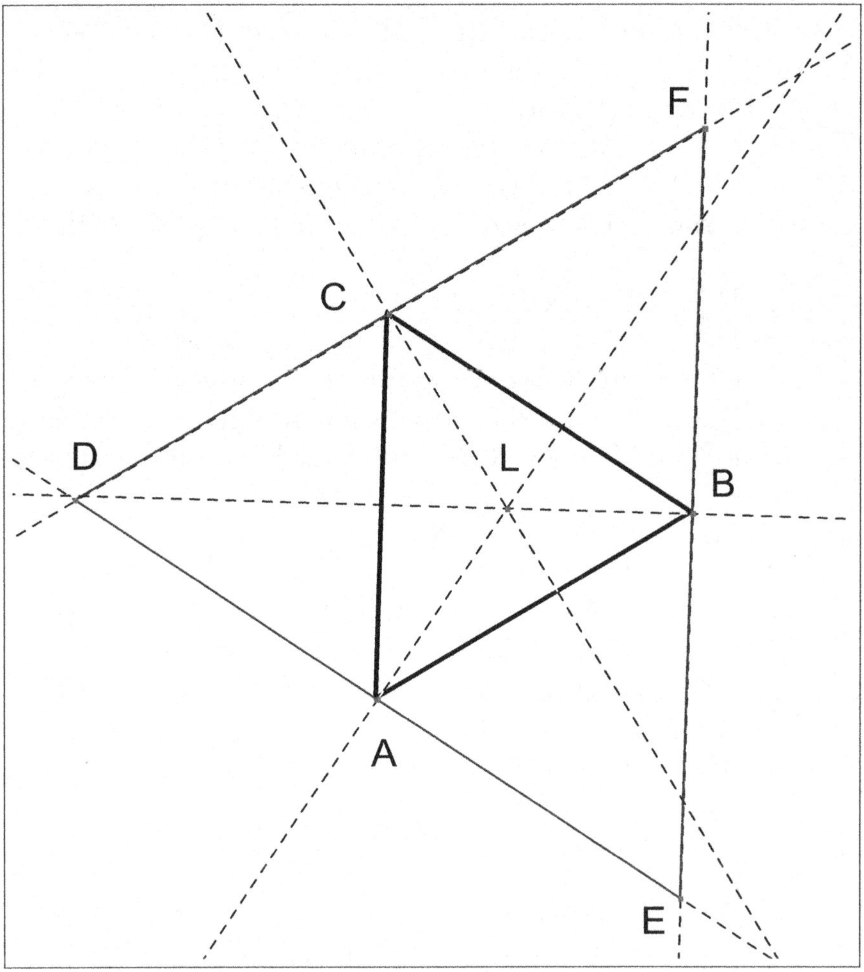


Figura 28: Ortocentro

*CB* nel triangolo *ABC* è l'asse del lato *DE* nel triangolo *EDF*. Ricordando che gli assi dei lati di un triangolo si incontrano in un punto, abbiamo infine che il circocentro di *DEF* non è altro che l'ortocentro di *ABC*.

Formalizziamo i passaggi della dimostrazione:

**Ipotesi**: La costruzione di figura 28 in cui $D$, $E$ ed $F$ sono i punti di incontro delle parallele a ciascun lato tracciate per il vertice opposto.

1. $C\hat{A}D = A\hat{C}B$ (criterio parallelismo inverso, ipotesi)
2. $D\hat{C}A = C\hat{A}B$ (criterio parallelismo inverso, ipotesi)
3. I triangoli $ABC$ e $ADC$ sono uguali (secondo criterio, 1, 2)
4. $DC = AB$ (E.C.T.U., 3)
5. $DA = CB$ (E.C.T.U., 3)
6. $C\hat{B}F = A\hat{C}B$ (criterio parallelismo inverso, ipotesi)
7. $B\hat{C}F = C\hat{B}A$ (criterio parallelismo inverso, ipotesi)
8. I triangoli $ABC$ e $CBF$ sono uguali (secondo criterio, 6, 7)
9. $FC = AB$ (E.C.T.U., 8)
10. $FB = AC$ (E.C.T.U., 8)
11. $E\hat{B}A = C\hat{A}B$ (criterio parallelismo inverso, ipotesi)
12. $B\hat{A}E = C\hat{B}A$ (criterio parallelismo inverso, ipotesi)
13. I triangoli $ABC$ e $ABE$ sono uguali (secondo criterio, 11, 12)
14. $BE = AC$ (E.C.T.U., 13)
15. $AE = BC$ (E.C.T.U., 13)
16. $DC = CF$ (4, 9)
17. $DA = AE$ (5, 15)
18. $FB = BE$ (10, 14)
19. L'altezza relativa ad $AB$ nel triangolo $ABC$ è l'asse del lato $DF$ nel triangolo $DEF$ (ipotesi, 16)
20. L'altezza relativa a $CB$ nel triangolo $ABC$ è l'asse del lato $DE$ nel triangolo $DEF$ (ipotesi, 17)
21. L'altezza relativa ad $AC$ nel triangolo $ABC$ è l'asse del lato $EF$ nel triangolo $DEF$ (ipotesi, 18)
22. **Tesi**: le tre altezze del triangolo $ABC$ si incontrano in un punto (teorema del circocentro, 19, 20, 21)

## 10.5 Verifiche di comprensione

1. Come viene presentata la nozione di perpendicolarità negli *Elementi*?
2. Perché la relazione di perpendicolarità nella definizione data da Euclide non è simmetrica?
3. Come si può dimostrare la simmetria della relazione di perpendicolarità?
4. Illustra la costruzione con riga e compasso della perpendicolare ad una retta passante per un suo punto e dimostrane la validità.
5. Come viene definita la distanza tra due punti?
6. Come si definisce la distanza di un punto da una retta?
7. Perché l'altezza di un triangolo può essere vista come distanza di un punto da una retta?
8. Illustra la costruzione con riga e compasso della perpendicolare a una retta passante per un punto esterno ad essa e dimostrane la validità.
9. Che cos'è un *luogo geometrico*?
10. Come si fa a dimostrare che una certa figura è un luogo geometrico?
11. Definisci l'asse di un segmento come luogo geometrico.
12. Dimostra che l'asse di un segmento è un luogo geometrico.
13. Definisci la bisettrice di un angolo come luogo geometrico.
14. Dimostra che la bisettrice di un angolo è un luogo geometrico.
15. Date tre rette non parallele è necessario che si incontrino in un punto?
16. Che cosa sono i punti notevoli di un triangolo?
17. Che cos'è il circocentro di un triangolo?

18. Dimostra che gli assi dei lati di un triangolo si incontrano in un punto.
19. Che cosa significa che un cerchio è circoscritto a un poligono?
20. Dove si trova il centro del cerchio circoscritto a un triangolo?
21. Che cos'è l'incentro di un triangolo?
22. Dimostra che le bisettrici degli angoli di un triangolo si incontrano in un punto.
23. Che cosa significa che un cerchio è inscritto in un poligono?
24. Dove si trova il centro del cerchio inscritto in un triangolo?
25. Che cos'è l'ortocentro di un triangolo?
26. Dimostra che le altezze di un triangolo si incontrano in un punto.

## 10.6 Problemi

1. Dimostra – utilizzando unicamente la definizione di perpendicolarità data da Euclide negli *Elementi* – che, data una coppia di rette parallele, una retta che sia perpendicolare a una delle due è perpendicolare anche all'altra.
2. Siano $A$ e $B$ due punti di una retta. Sulla stessa retta, esternamente al segmento $AB$ prendi due altri punti $C$ e $D$, dalla parte di $A$ e di $B$ rispettivamente, tali che $AC = BD$. Dimostra che gli assi di $AB$ e $CD$ coincidono.
3. Dimostra che se due triangoli rettangoli hanno uguali rispettivamente un cateto e l'ipotenusa, allora sono uguali. (*Suggerimento: porta i cateti uguali a coincidere in modo che si formi un triangolo isoscele...*)

4. Siano $A$ $B$ e $C$ tre punti non allineati tali che $AB = BC$. Sia inoltre $D$ il punto di incontro degli assi di $AB$ e $BC$. Detti $M$ ed $N$ i punti medi di $AB$ e $BC$ dimostra che $DB$ è la bisettrice dell'angolo $M\hat{D}N$.
5. Dimostra che le bisettrici di due angoli esterni di un triangolo e dell'angolo interno dell'altro vertice si incontrano in un punto.
6. Dimostra che il luogo geometrico dei punti equidistanti da due rette parallele è una retta ad esse parallela e passante per un punto da esse equidistante.
7. Nel triangolo $ABC$ traccia due rette $r$ ed $s$ perpendicolari ai lati $AB$ e $AC$ rispettivamente. Dimostra che $r$ ed $s$ formano un angolo uguale a $B\hat{A}C$.
8. Dimostra che in un triangolo rettangolo l'asse di ciascun cateto incontra l'ipotenusa nel punto medio di questa.
9. Dimostra che se il circocentro di un triangolo si trova su uno dei lati, allora il triangolo è rettangolo.
10. Dimostra che in un triangolo equilatero l'incentro e il circocentro coincidono.

Made in the USA
Monee, IL
04 November 2026

67382722R10075